Mathematik *5. Schuljahr*

Mathematik

für weiterführende Schulen

Herausgeber

Studiendirektor Bernhard Andelfinger
Professor Fritz Nestle

Wissenschaftliche Beratung

Professor Dr. Günter Pickert

Mitarbeiter

Gymnasialprofessor Hans Först
Studiendirektor Eberhard Oettinger
Professor Knut Radbruch
Studienassessor Jürgen Reck
Studiendirektor Reinhold Richter
Gymnasialprofessor Dr. Kurt Wuchterl

BAND I

Mathematik

5. SCHULJAHR

BEARBEITET VON
BERNHARD ANDELFINGER

7. AUFLAGE

VERLAG HERDER

Ministerielle Genehmigungen liegen vor (Stand 1.1.1971):
Bayern: Hauptschule — Genehmigungsnummer III A2 — 4/141971 vom 29.10.70
  Gymnasium — Nr. 8/139919/70 vom 9.10.1970.
  Genehmigung für die Realschule in Vorbereitung.
Berlin: Zugelassen für die sechsjährige Grundschule — Nr. II c B 8 vom 10.11.1970
Nordrhein-Westfalen: Realschule — Nr. I C 4. 82–8 L. Nr. 2.306/70 vom 5.10.70.
  Gymnasium — Nr. I C 4. 82–8 L. Nr. 3.570/70 vom 14.12.1970
Saarland: Genehmigt lt. Erlaß vom 4.10.1967, wenn in BW, NRW oder Rh.-Pf. zugelassen.
Das Prüfungsverfahren ist abgeschlossen und mit baldiger Veröffentlichung der Genehmigungen ist zu rechnen in folgenden Ländern: *Baden-Württemberg, Bremen, Niedersachsen, Rheinland-Pfalz, Schleswig-Holstein.*

Alle Rechte an den Texten und Abbildungen vorbehalten — Printed in Germany
Illustration: Wolfgang Hanns, Freiburg
Einbandgrafik: Gottfried Jäger, Bielefeld
© Verlag Herder KG Freiburg im Breisgau 1970
Herder Druck Freiburg im Breisgau 1972
ISBN 3-451-14941-9

Inhalt

0 Am Start 7

A. Mengen

1 Mengen gefällig . . . ? 8
2 Wie können wir Mengen darstellen? 12
3 Drei wichtige Zahlenmengen 14
4 Schreibfiguren für die natürlichen Zahlen 18

OASE 1 21

B. Zuordnen und Verknüpfen in Mengen

5 Wir stellen Beziehungen zwischen Mengenelementen her 24
6 Das Addieren in IN ist eine Verknüpfung 27
7 Zwei wichtige Additionsregeln 29
8 Wir addieren in Teilmengen von IN 33
9 Das Multiplizieren in IN ist eine Verknüpfung . . . 36

OASE 2 39

10 Zwei wichtige Multiplikationsregeln 42
11 Zusammenhänge zwischen „Addition" und „Multiplikation" 45
12 Terme 49
13 Von Leerstellen, Variablen und Termen 52

OASE 3 55

14 Wir bilden Aussagen und Aussageformen 58
15 Das Subtrahieren natürlicher Zahlen 60
16 Das Dividieren natürlicher Zahlen 64
17 Terme und Aussageformen 68

OASE 4 70

C. Verknüpfen von Mengen

18 Mengen von Vielfachen 73
19 Wir „schneiden" Mengen 75
20 Von Teilern, Teilermengen und Primzahlen 80
21 Wie erkennt man Teiler? 83

OASE 5 87

22 Primfaktorzerlegung natürlicher Zahlen 90
23 Wir schneiden Teilermengen 92

D. Ebene Punktmengen

24 Von Punkten und Punktmengen 95
25 Flächen und Geradenpaare sind Punktmengen 99

E. Verknüpfen von ebenen Punktmengen

26 Wir „vereinigen" Strecken und andere Mengen 105
27 Durchschnitt von Halbebenen und Streifen 109

OASE 6 113

F. Messen und Abbilden von ebenen Punktmengen

28 Messen von Strecken 116
29 Messen an Strecken und Streckenzügen 118
30 Verschiebungen ergeben neue Punktmengen 122
31 Messen von Flächen 127
32 Messen an Flächen und Flächenvereinigungen 132
33 Zweierlei Spiegelungen 137

OASE 7 141

G. Räumliche Punktmengen

34 Der Würfel 144
35 Die Prismen 147

H. Messen von räumlichen Punktmengen

36 Raummessung und Masseneinheiten 150
37 Messen an Körpern 153

Anhang: Register als mathematischer Wortschatz 157

0 Am Start

Mathematik ist keine Spielerei. Wir werden zusammen gut und hart arbeiten müssen. Das heißt aber nicht, daß es keinen Spaß machen würde. Arbeit und Erholung gehören zusammen. Beides gehört auch zu diesem Mathematikbuch: In **37 Lernabschnitten** erarbeiten wir uns das **notwendige Grundwissen** für dieses Schuljahr und für die weiteren Jahre. Lernabschnitt 1–23 beschäftigt sich mit der Menge der natürlichen Zahlen und ihren Eigenschaften. In den Lernabschnitten 24–37 verwenden wir diese Kenntnisse, um uns mit Punkten, Figuren, Körpern und Zeichenverfahren zu beschäftigen.

Jeder Lernabschnitt beginnt mit einer Einführung, dann folgen wichtige Erklärungen und Merksätze. Anschließend folgen „Aufgaben mit Lösungen"; hier sehen wir, wie das Gelernte angewendet werden kann. Dann folgen die wichtigen Übungsaufgaben. Sie bestehen aus einer Gruppe von „Grundübungen" und einer weiteren Gruppe etwas schwierigerer Aufgaben.

Zwischen die Lernabschnitte, zwischen die „harte" Arbeit, sind regelmäßig **OASEN** eingestreut: hier finden sich **interessante Aufgaben** aus dem täglichen Leben, aus der Technik, es gibt dort Gelegenheit zum **Basteln** und zum **Spielen**. Und noch etwas: Immer wieder kommt im Inhaltsverzeichnis der Hinweis auf einen **Kontrollabschnitt (K)**. Die Kontrollbogen hierfür kann man beim Verlag Herder in Freiburg beziehen. Sie helfen, rechtzeitig **Lücken zu erkennen** und **gezielt zu arbeiten**. Über welche und wieviel Lernabschnitte sich die Kontrolle erstreckt, kann man an dem farbigen Streifen mit der jeweiligen Kontrollabschnittnummer im Inhaltsverzeichnis ersehen. Die Kontrollabschnittnummer wiederholt sich im laufenden Text jeweils auf der rechten Seite.

Jetzt aber: „3–2–1–los!"

A. Mengen

1 Mengen gefällig . . . ?

1.1 Ein Schnurspiel. Sollen wir wetten? Mit einer Schnur können wir in diesem Baukasten einige Teile von den anderen so abgrenzen, daß ein Gesicht entsteht!

So ist's möglich!

Und: so ist es auch möglich!

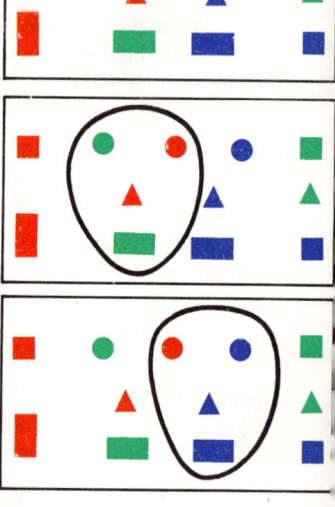

Durch die Abgrenzungen haben wir genau festgelegt, welche Klötze zu einem Gesicht gehören und welche nicht:
Zum 1. Gesicht gehören der rote und grüne Kreis, das rote Dreieck und das grüne Rechteck.
Zum 2. Gesicht gehören der rote und blaue Kreis, das blaue Dreieck und das blaue Rechteck.
Das grüne Quadrat gehört zu keinem unserer Gesichter, der grüne Kreis nicht zum 2. Gesicht, wohl aber zum ersten.

1.2 Mengen und Elemente. Was sagen die Mathematiker zu unserem Schnurspiel? Ihre Antwort lautet: Abgrenzungen von Gegenständen (wie bei dem Schnurspiel) ergeben **Mengen**. Die Gegenstände, die zu diesen Mengen gehören, nennt man die **Elemente der Menge**.

a) Wir können also sagen: Eine Menge ist dann hergestellt und festgelegt, wenn wir genau vereinbart haben, welches ihre Elemente sind.

Beispiele:

1)  Dies ist eine MENGE. Sie besitzt 4 ELEMENTE, nämlich: grüner Kreis, rotes Dreieck, roter Kreis, grünes Rechteck.

2)  Dies ist eine MENGE. Sie besitzt 2 ELEMENTE, nämlich blauer Kreis, rotes Rechteck.

b) **MENGEN** können auch nur 1 Element oder gar kein Element besitzen, je nachdem, auf welche Weise die „Abgrenzungsschnur" gelegt wird:

K 0

Beispiele:
1) 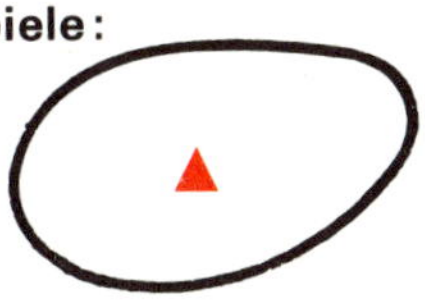  Dies ist eine MENGE. Sie besitzt 1 ELEMENT, nämlich: rotes Dreieck.

2) 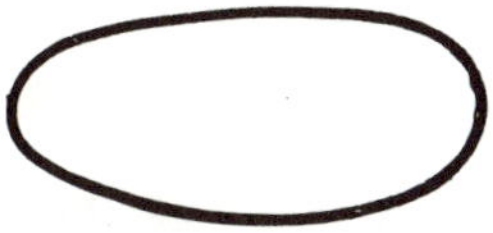 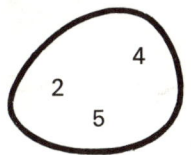 Dies ist eine MENGE. Sie besitzt **kein** ELEMENT. Wir nennen sie LEERE MENGE (Die Schnur wurde so gelegt, daß sich in ihr kein Klotz befindet).

1.3 Zahlenmengen. Aus Gegenständen können wir also Mengen bilden; aus Klötzen, aus Messer und Gabel, aus Autos, aus Rasenmähern und Häusern usf. Besonders wichtige „mathematische Gegenstände" sind natürlich Zahlen. Daher geben wir **Mengen, deren Elemente Zahlen sind,** einen Namen: wir nennen sie „Zahlenmengen".
Beispiele:

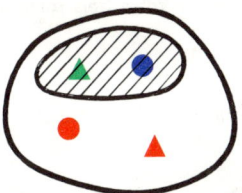 Diese Menge mit den Elementen 2, 4 und 5 ist eine Zahlenmenge. Sie besitzt 3 Elemente.

1.4 Teilmengen. In einer Menge können wir neue Mengen bilden, die wir „Teilmengen" der ursprünglichen Menge nennen. Die Elemente einer Teilmenge sind auch Elemente der ursprünglichen Menge.
Beispiel:

Die Menge mit den Elementen „grünes Dreieck", „blauer Kreis" ist Teilmenge von der Menge mit den Elementen „roter Kreis, rotes Dreieck, grünes Dreieck, blauer Kreis".

1.5 Gleiche Mengen. Mengen sind gleich, wenn sie dieselben Elemente besitzen. In allen anderen Fällen sind sie verschieden.
Beispiel:

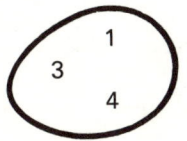 und 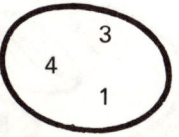 sind gleiche Mengen.

Aufgaben mit Lösungen

1. Aufgabe: Welche voneinander verschiedenen Mengen kann man bilden, wenn eine rote und eine schwarze Murmel zur Verfügung stehen?

Lösung:

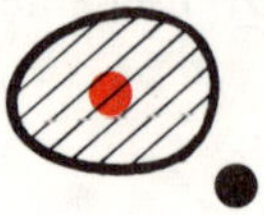

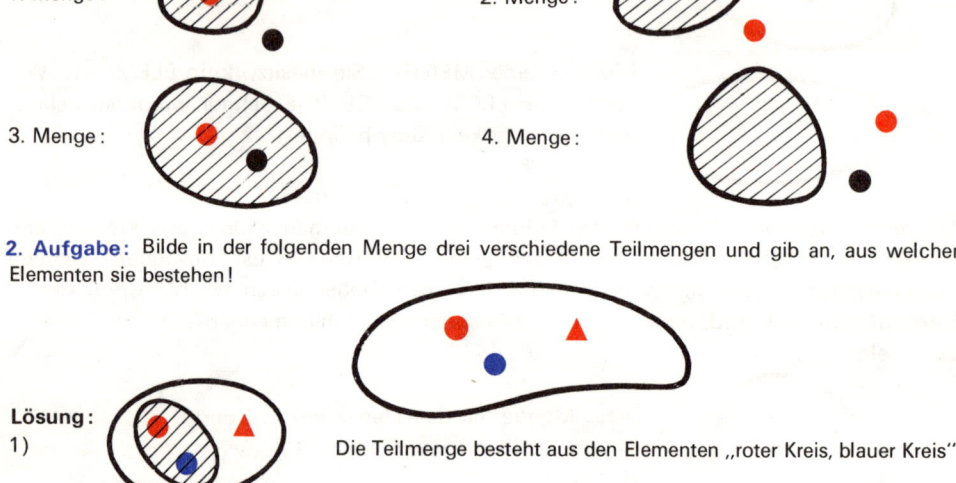

2. Aufgabe: Bilde in der folgenden Menge drei verschiedene Teilmengen und gib an, aus welchen Elementen sie bestehen!

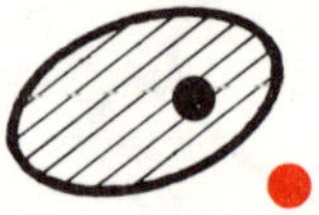

Lösung:
1)   Die Teilmenge besteht aus den Elementen „roter Kreis, blauer Kreis".

2)   Die Teilmenge besteht aus dem Element „rotes Dreieck".

3) 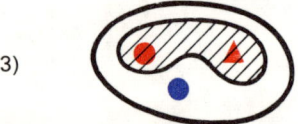   Die Teilmenge besteht aus den Elementen „roter Kreis, rotes Dreieck".

3. Aufgabe: Bilde in der folgenden Menge Teilmengen so, daß eine Einteilung nach der Form entsteht!

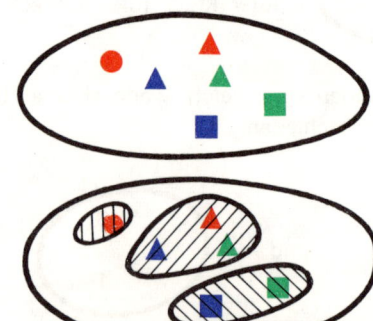

Lösung:

Es entstehen 3 Teilmengen mit 1, 2 und 3 Elementen.

Grundübungen

K 0

1) Zeichne den Baukasten von S. 8 ab und bilde in ihm mit Hilfe einer gezeichneten „Schnur" Mengen mit folgenden Elementen:
   a) roter Kreis, grünes Dreieck
   b) rotes Dreieck, blaues Dreieck, grünes Rechteck, rotes Quadrat
   c) blauer Kreis, roter Kreis, grüner Kreis
   d) grünes Rechteck, rotes Dreieck, rotes Rechteck, blaues Quadrat, grüner Kreis
   e) blauer Kreis

2) Bilde wie in der gelösten Aufgabe Nr. 1 auf S. 10 aus folgenden Dingen alle möglichen Mengen:

   a)   b)   c) x y d)  e)   f)

3) Bilde in den folgenden Mengen jeweils zwei (drei) verschiedene Teilmengen mit 1 Element (2 Elementen) und schreibe auf, aus welchen Elementen sie bestehen:

   a) 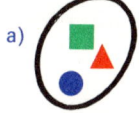 b) 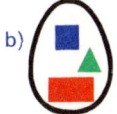 c) 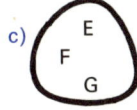 d) 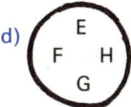 e)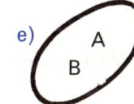

   f) 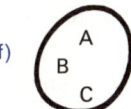 g)  h) 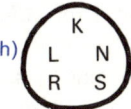 i) 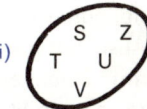 k)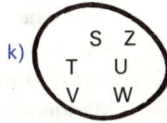

4) Bilde in den folgenden Mengen Teilmengen so, daß eine Einteilung nach der Farbe entsteht. Schreibe jedesmal auf, wie viele Teilmengen entstehen und aus welchen Elementen sie bestehen:

   a)  b)  c)  d)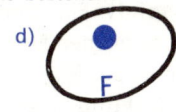

5) Zeichne den Baukasten von S. 8 zweimal in gleicher Größe auf durchsichtiges Papier ab:
   a) Teile ihn nach der Form ein.
   b) Teile ihn nach der Farbe ein.
   c) Wie viele Teilmengen entstehen dabei? Wie viele Elemente besitzen sie?
   d) Lege die Bilder übereinander. Was bemerkt man?

Weitere Übungen

6) Bilde aus folgenden Gegenständen alle möglichen Mengen:

   a)  b)

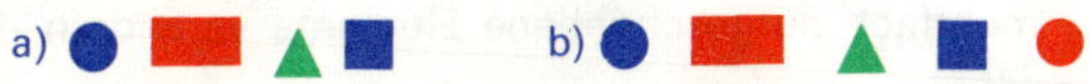

7) a) Bilde aus allen voneinander verschiedenen Buchstaben des Namens KARL (OTTO, ANNA, BERNHARD) eine Menge. Wie viele Elemente besitzt sie? Wie viele Buchstaben besitzt der Name?
   b) Mache dasselbe mit dem Familiennamen deines Klassenlehrers, mit dem Namen deiner Schule, deiner Straße, deines Wohnortes.

8) Zeichne ein Fahrrad, einen Roller, einen VW, einen LKW und ein Motorrad. Bilde dann aus allen Motorfahrzeugen dieses Bildes eine Menge.
   a) Wie viele Elemente enthält die Menge?
   b) Schreibe auf, aus welchen Elementen diese Menge besteht.

9) Zeichne das nebenstehende Bild eines
   Zimmers ab:

   Bilde dann aus allen Stühlen eine Menge.
   a) Wie viele Elemente enthält diese Menge?
   b) Ist der „Tisch" ein Element dieser Menge?
   c) Ist das „Zimmer" ein Element dieser Menge?
10) a) Schreibe die Namen der folgenden Städte ab: Hannover, Frankfurt, Köln, Essen, Hamburg, Bremen, Stuttgart, München, Freiburg, Gießen, Ulm, Karlsruhe, Berlin.
    b) Bilde die Menge all der aufgeschriebenen Städte, die mehr als 100 000 (500 000, 700 000, 1 000 000) Einwohner haben. Suche die Einwohnerzahlen in deinem Taschenkalender!
    c) Ordne die Städtenamen nach der Größe der Einwohnerzahl. Beginne dabei mit dem Namen der kleinsten Stadt.

2 Wie können wir Mengen darstellen?

Wir werden uns häufig mit Mengen beschäftigen. Daher brauchen wir einfache und übersichtliche Schreibfiguren für Mengen. Drei Möglichkeiten, Mengen aufzuschreiben, lernen wir in diesem Abschnitt kennen.

2.1 Venn-Diagramm. Zeichnen wir in eine geschlossene Schleife Bilder oder Namen der Mengenelemente, so ergibt sich ein Bild der Menge. Dieses Mengenbild nennen wir Venn-Diagramm der Menge.

Beispiel: Ein Venn-Diagramm der Menge mit den Elementen 4, 5 und 12 sieht so aus:
Bemerkung: diese Darstellungsform für Mengen wurde von den Mathematikern Leonhard Euler (1707–1783) und J. Venn (1834–1923) eingeführt.

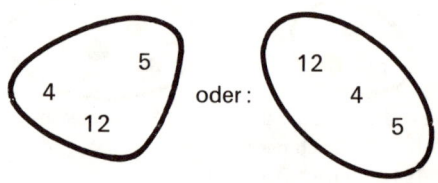

2.2 Klammerschreibweise. Ein anderes Mengenbild ergibt sich, wenn wir die Namen (oder Bilder) aller Elemente, durch Kommata getrennt, nebeneinanderschreiben und das Ganze in geschweifte Klammern einschließen. Auf die Reihenfolge der Elemente kommt es dabei nicht an. Auch doppelt oder mehrfach aufgeschriebene Elemente verändern die Menge nicht.

Beispiel: für die Menge (3 5)

können wir schreiben: {**3**, **5**} oder: {**5**, **3**} oder auch: {**3**, **3**, **5**, **3**, **5**}.

2.3 Eigenschaftsangabe. Häufig bilden wir eine Menge aus Gegenständen, die eine kennzeichnende gemeinsame Eigenschaft aufweisen. Dann können wir die Menge auch bezeichnen, wenn wir diese gemeinsame Eigenschaft ihrer Elemente aufschreiben.

Beispiel: für die Menge {0, 1, 2, 3, 4, 5, 6, 7, 8, 9} können wir auch schreiben: „die Menge aller **einstelligen** Zahlen" („einstellig" ist eine kennzeichnende gemeinsame Eigenschaft aller Elemente).

K 0

Aufgaben mit Lösungen

1. Aufgabe: Bilde die Menge aller dreistelligen Zahlen, die aus den Ziffern **1**, *3* und 5 hergestellt werden können (wobei jede Ziffer genau einmal verwendet werden soll). Stelle diese Menge durch ein Venn-Diagramm und in der Klammerschreibweise dar!

Lösung: a) Venn-Diagramm der Menge:

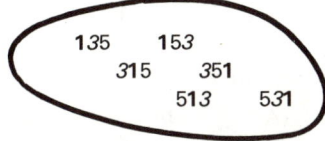

b) Klammerschreibweise der Menge: {1*3*5, 1*5*3, *3*15, *3*51, 51*3*, 5*3*1}.

2. Aufgabe: Bilde die Menge der zehn ersten „8er-Zahlen" (Klammerschreibweise)!
Lösung: Es ergibt sich folgende Menge: {8, 16, 24, 32, 40, 48, 56, 64, 72, 80}.

3. Aufgabe: Bilde die Menge aller zweistelligen Zahlen, die die Zehner-Ziffer **5** haben (Venn-Diagramm)!
Lösung: Es ergibt sich folgende Menge:

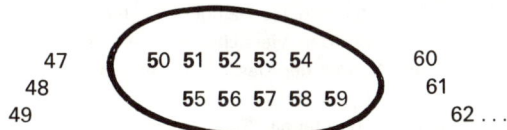

4. Aufgabe: Bilde die Menge aller zweistelligen Zahlen, die die Hunderter-Ziffer 5 haben (Venn-Diagramm und Klammerschreibweise)!
Lösung: Zweistellige Zahlen haben keine Hunderter-Ziffer. Zu der Menge gehört also keine Zahl. Es ergibt sich **die leere Menge**:

oder: { }.

Grundübungen

1) Bilde mit Hilfe des Venn-Diagramms die Menge aller Zahlen, die aus den folgenden Ziffern hergestellt werden können (wobei jede Ziffer in jeder Zahl genau einmal verwendet werden soll):
   a) 1, 2   b) 1, 2, 3   c) 3, 4, 5   d) 2, 4, 6   e) 1, 8, 9   f) 0, 1, 2   g) 4, 6, 8, 9
2) Bilde mit Hilfe der Klammerschreibweise die Menge
   a) der zehn ersten 7er- (9er-, 11er-, 13er-, 15er-, 17er-, 19er-) Zahlen,
   b) der zehn ersten 8er- (10er-, 12er-, 14er-, 16er-) Zahlen.
3) Bilde mit Hilfe des Venn-Diagramms die Menge aller zweistelligen Zahlen,
   a) die als Zehner-Ziffer eine 1 (2, 3, 4, 5, 6, 7, 8, 9) haben,
   b) die als Einer-Ziffer eine 0 (1, 2, 3, 4, 5, 6, 7, 8, 9) haben.

4) Bilde mit Hilfe der Klammerschreibweise die Menge aller dreistelligen Zahlen,
   a) die als Hunderter- **und** Zehner-Ziffer eine 3 (5, 7, 9) haben,
   b) die als Hunderter- **und** Einer-Ziffer eine 3 (5, 7, 9) haben,
   c) die als Zehner- **und** Einer-Ziffer eine 3 (5, 7, 9) haben,
   d) die als Hunderter-Ziffer eine 3 (5, 7, 9) und als Zehner-Ziffer eine 9 (7, 5, 3) haben,
   e) die als Hunderter-Ziffer eine 3 (5, 7, 9) und als Einer-Ziffer eine 9 (7, 5, 3) haben,
   f) die als Zehner-Ziffer eine 3 (5, 7, 9) und als Einer-Ziffer eine 9 (7, 5, 3) haben.

Weitere Übungen

5) Welche der folgenden Mengen haben
   a) drei Elemente   b) vier Elemente   c) dieselben Elemente?

   1) {4, 6, 8}   2) {4, 6, 8, 9}   3) {1, 2, 3, 3}   4) {2, 6, 2, 5, 7}
   5) {2, 7, 5, 6, 7} 6) {5, 6, 2, 7, 4, 8} 7) {1, 2, 3, 1}
   8) {1, 2, 3, 4, 3} 9) {0, 1, 7, 8, 9, 3}
   10) {0, 7, 1}   11) {A, A, B, C, D, E}
   12) {A, A, B, C, C, E}   13) {A, B, C, D}
   14) {F, G, H, F, R}   15) {D, B, C}
   16) {0, 1, 7, 0}   17) {6, 7, 2, 5, 2}

6) Wie viele Elemente besitzt die Menge
   a) aller zweistelligen (dreistelligen, vierstelligen) Zahlen?
   b) aller zweistelligen (dreistelligen, vierstelligen) Zahlen mit der Einer-Ziffer 5?
7) Schreibe die Menge aller Namen der Klassenmitglieder auf, die
   a) älter als 5 Jahre,   b) älter als 12 Jahre,
   c) jünger als 17 Jahre, d) älter als 20 Jahre sind.
8) Bilde eine Menge mit 8 (9, 10, 11) Zeichen, die trotzdem nur 3 (4, 6, 9) Elemente enthält.
9) a) Schreibe die Namen der folgenden Tiere ab: Katze, Huhn, Hund, Rind, Ente, Fledermaus, Maulwurf, Pferd, Bussard, Schwein, Hase.
   b) Bilde mit Hilfe eines Venn-Diagramms die Menge all der aufgeschriebenen Tiere, die Säugetiere (Vögel) sind.

3 Drei wichtige Zahlenmengen

Im vorangegangenen Lernabschnitt haben wir oft von „Zahlen" gesprochen. Jetzt legen wir genau fest, was wir unter natürlichen Zahlen und der **Menge IN** der natürlichen Zahlen verstehen wollen. Außerdem bilden wir **zwei Teilmengen von IN**.

3.1 Natürliche Zahlen. Wenn wir von „Zahlen" sprechen, denken wir an **Anzahlen** wie 1, 3, 12 usw. Sie stellen sogenannte „**natürliche Zahlen**" dar. Jede natürliche Zahl gibt die Anzahl von Elementen einer Menge an, die nicht leer ist. Die leere Menge besitzt 0 Elemente. **0 ist keine natürliche Zahl!** Elementanzahlen von zwei Mengen lassen sich nach ihrer **Größe vergleichen.** Man braucht dazu nur die Elemente der beiden Mengen paarweise durch eine Schnur zu verbinden. Bleibt dabei kein Element übrig, so sind die Anzahlen gleich. Bleiben ein Element oder mehrere Elemente übrig, so besitzt diejenige Menge die größere Anzahl, zu der die übrigbleibenden Elemente gehören. Die großen Elementanzahlen „bündelt" man am besten in Zehner, Hunderter usw. und vergleicht dann Bündel für Bündel (s. Lernabschnitt 4); z. B. ergibt sich so: 1237 größer als 346

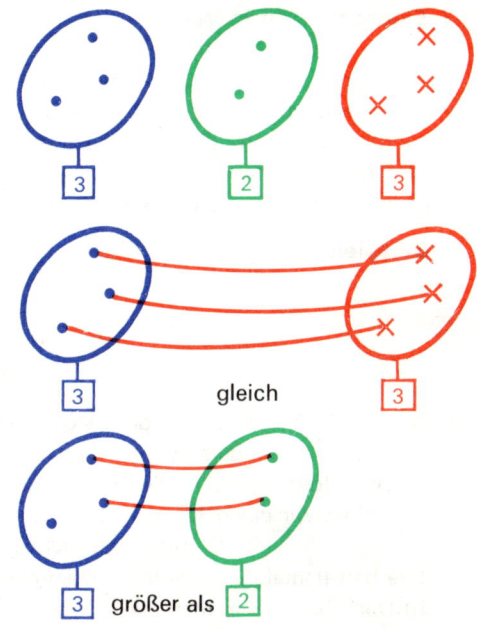

.2 IN a) Wir bilden nun eine Menge, deren Elemente sämtliche natürlichen Zahlen sind. Dieser Menge aller natürlichen Zahlen geben wir einen Namen, der aus einem Buchstaben mit Strich besteht:

IN (lies: „Menge N der natürlichen Zahlen")

b) Natürliche Zahlen lassen sich **nach der Größe vergleichen.** Dazu verwenden wir die Zeichen >, <, =.

> bedeutet von links nach rechts gelesen: „größer als"
> von rechts nach links gelesen: „kleiner als"
< bedeutet von links nach rechts gelesen: „kleiner als"
> von rechts nach links gelesen: „größer als"
= bedeutet in jeder Richtung gelesen : „gleich"

Beispiele: 1) 25 > 17; 2) 17 < 25; 3) 37 = 37.

Bemerkung: Schreibfiguren wie „25 > 17" bzw. „17 < 25" nennen wir „Ungleichungen"; eine Schreibfigur wie „37 = 37" nennen wir „Gleichung".

c) **IN besitzt unendliche viele Elemente,** die man niemals alle vollständig aufschreiben kann. Bei der Klammerschreibweise von IN wählen wir daher einen Notbehelf: Wir schreiben die Elemente der Größe nach geordnet nebeneinander und machen nach dem letzten geschriebenen Element drei Punkte. Damit deuten wir an, daß noch unendlich viele natürliche Zahlen nachfolgen: IN = {1, 2, 3, 4, 5, 6, 7, 8, 9, 10, 11, 12, 13, . . .}

3.3 Eigenschaften in IN:

a) Wenn wir die Elemente mit Hilfe des Zeichens < der Größe nach anordnen, besitzt IN ein **erstes Element**. Es ist die Zahl 1.
b) Jedes Element — außer 1 — besitzt eine unmittelbar vorangehende und eine unmittelbar nachfolgende Zahl, die wir **„Vorgänger"** bzw. **„Nachfolger"** nennen.
c) 1 besitzt keinen Vorgänger, aber einen Nachfolger.
d) IN besitzt kein letztes Element.

Beispiele:

Vorgänger	natürliche Zahl	Nachfolger
—	1	2
98	99	100
12 409	12 410	12 411

3.4 G und U.
Die Menge IN der natürlichen Zahlen besitzt viele Teilmengen. Zwei von ihnen wollen wir besonders herausheben und benennen:
a) Wir bilden zunächst die Menge, deren Elemente sämtliche geraden Zahlen sind. Auch ihr geben wir einen Namen, der aus einem Buchstaben besteht:

G (lies: „die Menge G der geraden Zahlen")

Ihre behelfsmäßige, geordnete Klammerschreibweise ist: {2, 4, 6, 8, 10, 12, 14, 16, ...}.
b) Dann bilden wir noch die Menge, deren Elemente sämtliche ungeraden Zahlen sind. Wir nennen sie:

U (lies: „die Menge U der ungeraden Zahlen")

Ihre behelfsmäßige, geordnete Klammerschreibweise ist: {1, 3, 5, 7, 9, 11, 13, 15, ...}

Aufgaben mit Lösungen

1. Aufgabe: Ordne die Elemente der Menge {217, 84, 312, 31, 68} nach der Größe innerhalb der Klammer um, so daß das kleinste Element einmal ganz links und einmal ganz rechts steht!
Lösung: a) kleinstes Element ganz links: {31, 68, 84, 217, 312}
b) kleinstes Element ganz rechts: {312, 217, 84, 68, 31}

2. Aufgabe: Setze zwischen die folgenden natürlichen Zahlen das zutreffende Zeichen <, >, =
    27 ... 3,   43 ... 44,   56 ... 123,   123 ... 54,   22 ... 22.
Lösung: 27 > 3,   43 < 44,   56 < 123,   123 > 54,   22 = 22.

3. Aufgabe: Unterlege in der folgenden Menge die Elemente von G rot und die Elemente von U gr

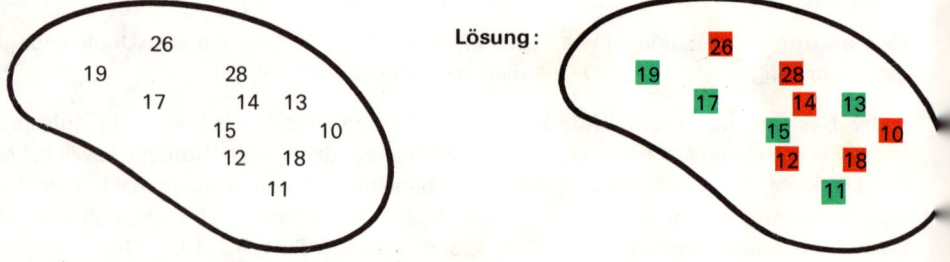

4. Aufgabe: Bestimme in der der Größe nach geordneten Menge U = {1, 3, 5, 7, 9, 11, 13, 15, 17, ...} zu den Elementen 37, 45, 129 das unmittelbar vorangehende Element (Vorgänger in U) und das unmittelbar nachfolgende Element (Nachfolger in U)!

Lösung:

Vorgänger in U	Element von U	Nachfolger in U
35	37	39
43	45	47
127	129	131

Grundübungen

1) Bestimme in Tabellenform zu jeder der folgenden natürlichen Zahlen den Vorgänger und den Nachfolger:
   a) 100, 83, 4299, 1812, 14000, 189, 237, 823, 13, 448,
   b) 9309, 4806, 2000, 20000, 200000, 2000000,
   c) 3010, 30100, 300100, 300010, 100001.

2) Schreibe die folgenden Mengen so geordnet auf, daß das kleinste Element ganz links (ganz rechts) steht:
   a) {33, 6, 28, 15, 268, 267},
   b) {738, 615, 359, 614, 418, 567, 1076},
   c) {3059, 4180, 532, 28, 39, 22, 871, 912},
   d) {4001, 3998, 4003, 827, 39, 733, 81, 7, 1}.

3) Setze zwischen die folgenden natürlichen Zahlen jeweils das richtige der Zeichen <, >, = :
   a) 84...32; 49...1; 1...49; 49...48; 49...49,
   b) 1002...899; 1002...8990; 413...213; 908...6001,
   c) 49...110; 4...918; 918...40; 400...91; 2108...2801,
   d) 134...341; 413...314; 341...134; 413...341,
   e) 8400...8040; 8040...8004; 4008...8040; 4800...8400.

4) Zeichne die folgenden Mengen ab. Unterstreiche die Elemente von G rot, die Elemente von U grün:

a) 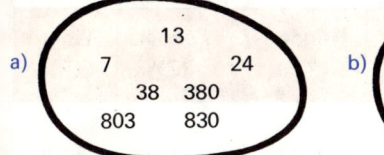 b) 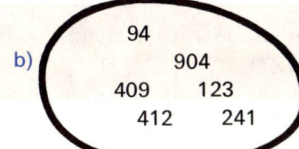 c)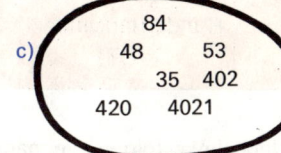

Weitere Übungen

Bestimme in Tabellenform zu jeder der folgenden geraden Zahlen den geraden Vorgänger und den geraden Nachfolger:
88, 406, 1200, 2998, 4102, 3010, 826, 412, 10250, 10000.

Bestimme in Tabellenform zu jeder der folgenden ungeraden Zahlen den ungeraden Vorgänger und den ungeraden Nachfolger:
87, 405, 1201, 2999, 4101, 3011, 823, 1, 10251, 10001.

Bilde mit Hilfe der Klammerschreibweise die Menge aller natürlichen (geraden, ungeraden) Zahlen, die größer als 4 (99, 801, 88, 177) und kleiner als 23 (101, 856, 106, 205) sind.

8) Bilde mit Hilfe der Klammerschreibweise die Menge aller natürlichen (geraden, ungeraden) Zahlen, die
   a) 3 als Einer-Ziffer haben, größer als 27 und kleiner als 98 sind,
   b) 3 als Zehner-Ziffer haben, größer als 401 und kleiner als 497 sind,
   c) 9 als Zehner Ziffer haben, größer als 744 und kleiner als 983 sind,
   d) 0 als Zehner-Ziffer haben, kleiner als 960 und größer als 788 sind.
9) Bilde mit Hilfe der Klammerschreibweise die Menge aller 2er- (6er-, 8er-, 11er-) Zahlen, die
   a) kleiner als 40 (13, 101) sind,
   b) größer als 62 (73, 84) und kleiner als 106 (74, 98).

4 Schreibfiguren für die natürlichen Zahlen

Wir bleiben — wenn nicht ausdrücklich etwas anderes gesagt wird — bis zum Schluß des Buches bei der Menge IN. Ihre Elemente, die natürlichen Zahlen, kann man auf sehr verschiedene Weise schreiben: Das **Zehnersystem** ist uns geläufig. Daneben kommt aber das „**Zweiersystem**" vor, vor allem Elektronenrechner benützen es. Außerdem lernen wir noch das „**Dreiersystem**".

4.1 Zehnersystem. Gewöhnlich schreiben wir die natürlichen Zahlen mit Hilfe der **Ziffern**
0, 1, 2, 3, 4, 5, 6, 7, 8, 9.
Innerhalb der Schreibfigur für eine Zahl besitzt jede Ziffer einen bestimmten **Stellenwert**. Diese Stellenwerte sind Zehnerzahlen. Daher nennen wir diese Form der Zahlenschreibweise auch **Zehnersystem**. Die Zahl 10 heißt Basis (Grundzahl) des Systems.

Stellenwerte des Zehnersystems:

...	Hunderttausender (HT)	Zehntausender (ZT)	Tausender (T)	Hunderter (H)	Zehner (Z)	Einer (E)

Nach links folgen die nächsthöheren Stellenwerte, also Millionen (M), Zehnermillionen (ZM), Hundertermillionen (HM), Milliarden (Md) usw. Sie sind — wie in der Tabelle — jeweils das **Zehnfache** des vorhergehenden Stellenwerts.

Beispiel:

Schreibfiguren für eine natürliche Zahl im Zehnersystem		
Kurzform	In Worten	Summenform
129 367	Hundertneunundzwanzigtausenddreihundertsiebenundsechzig	1 HT + 2 ZT + 9 T + 3 H + 6 Z + 7 E

4.2 Dreiersystem. Wir ändern jetzt die Stellenwerte beim Schreiben von Zahlen:

Stellenwerte:

....	Siebenundzwanziger	Neuner	Dreier	Einer

Nach links folgen die nächsthöheren Stellenwerte, die — wie in der Tabelle — jeweils das **Dreifache** des vorhergehenden Stellenwerts betragen. Deshalb nennen wir diese Form der Zahlenschreibweise das **Dreiersystem**. Die Zahl 3 heißt Basis des Systems.

Um natürliche Zahlen im Dreiersystem schreiben zu können, benötigen wir nur drei **Ziffern**: $\bar{0}, \bar{1}, \bar{2}$ (lies: 0 quer, 1 quer, 2 quer).

K 1

Beispiele:

Schreibfiguren für natürliche Zahlen im Dreiersystem		Schreibfigur im Zehnersystem
Kurzform	Summenform	Kurzform
$\bar{1}\bar{1}$	1 Dreier + 1 Einer	4
$\bar{1}\bar{2}$	1 Dreier + 2 Einer	5
$\bar{2}\bar{0}$	2 Dreier + 0 Einer	6

4.3 Zweiersystem. Wir ändern nochmals die Stellenwerte beim Schreiben von Zahlen:

Stellenwerte:

....	Sechzehner	Achter	Vierer	Zweier	Einer

Nach links folgen die nächsthöheren Stellenwerte, die — wie in der Tabelle — jeweils das **Doppelte (Zweifache)** des vorhergehenden Stellenwerts betragen. Deshalb nennen wir diese Form der Zahlenschreibweise das **Zweiersystem**. Die Zahl 2 heißt Basis des Systems.
Um natürliche Zahlen im Zweiersystem schreiben zu können, benötigen wir nur die **Ziffern**: 0, I (lies: 0, Strich).

Beispiele:

Schreibfiguren für natürliche Zahlen im Zweiersystem		Schreibfigur im Zehnersystem
Kurzform	Summenform	Kurzform
I I I I	1 Achter + 1 Vierer + 1 Zweier + 1 Einer	15
I 0000	1 Sechzehner	16
I 000I	1 Sechzehner + 1 Einer	17

Bemerkungen: Bei der Zeitberechnung liegt ein 60er-System zugrunde (Stunden, Minuten, Sekunden). Im kaufmännischen Bereich kommen noch Reste eines 12er-Systems vor (Gros, Dutzend, Stück).

Aufgaben mit Lösungen

1. Aufgabe: Schreibe die folgenden natürlichen Zahlen im Zehnersystem: $\overline{102}$, $\overline{222}$, $\overline{201}$.
Lösung: a) $\overline{102} = 1$ Neuner + 2 Einer; im Zehnersystem geschrieben ist dies die Zahl 11.
  b) $\overline{222} = 2$ Neuner + 2 Dreier + 2 Einer = 26.
  c) $\overline{201} = 2$ Neuner + 1 Einer $\quad\quad\quad\;\; = 19$.

2. Aufgabe: Schreibe die folgenden natürlichen Zahlen im Zehnersystem: 111, 110.
Lösung: a) 111 = 1 Vierer + 1 Zweier + 1 Einer = 7.
  b) 110 = 1 Vierer + 1 Zweier $\quad\quad\quad\; = 6$.

3. Aufgabe: Schreibe die natürlichen Zahlen 21 und 68 im Zweier- bzw. Dreiersystem.
Lösung: a) Umschreiben ins Zweiersystem:
  21 = 1 Sechzehner + 0 Achter + 1 Vierer + 0 Zweier + 1 Einer = 10101
  68 = 1 Vierundsechziger + 0 Zweiunddreißiger + 0 Sechzehner + 0 Achter + 1 Vierer
  + 0 Zweier + 0 Einer = 1000100.
  b) Umschreiben ins Dreiersystem:
  21 = 2 Neuner + 1 Dreier + 0 Einer = $\overline{210}$.
  68 = 2 Siebenundzwanziger + 1 Neuner + 1 Dreier + 2 Einer = $\overline{2112}$.

Beachte: Beginne beim Umschreiben immer beim größtmöglichen Stellenwert, gehe dann zum nächstkleineren usw.

Grundübungen

1) Schreibe in Worten jeweils die ersten 5 Stellenwerte des Zehner-, Dreier- und Zweiersystems (von rechts nach links) auf.
2) Schreibe folgende natürliche Zahlen mit Worten:
   a) 708, 6091, 200463, 3900000, 3899999,
   b) 8425, 425, 25, 532, 1308, 228412, 313407,
   c) 59042, 800060, 640000, 4016300, 600600600.
3) Schreibe mit Ziffern (im Zehnersystem):
   a) dreihundertachtundfünfzig,
   b) siebenhundertfünfunddreißigtausend,
   c) neunundzwanzig Millionen einhundertdreizehn,
   d) siebenundachtzig,
   e) zwei Milliarden achtunddreißig Millionen neuntausendfünfzig,
   f) vierhundertdreiunddreißig,
   g) zweitausendneunhundertfünfundachtzig,
   h) siebenhundertzwölftausenddrei,
   i) sechsundzwanzigtausendachthundertsechs.
4) Schreibe folgende natürliche Zahlen im Zehnersystem:
   a) 1, 10, 11, 110, 1011, 1101, 11011, 10001, 1111,
   b) 10111, 10101, 11001, 11101, 111010, 1110100,
   c) $\overline{10}$, $\overline{12}$, $\overline{21}$, $\overline{210}$, $\overline{2100}$.
5) Schreibe folgende natürliche Zahlen im Zweiersystem (Dreiersystem):
   a) 17, 9, 20, 14, 38, 51, 27, 42,
   b) 56, 63, 16, 49, 60, 64, 121, 100.
6) Schreibe alle natürlichen Zahlen von 1 bis 20 (50) im Zweiersystem (Dreiersystem).

Weitere Übungen

7) Schreibe folgende natürliche Zahlen im Zehnersystem:
   a) 101, 1010, 10100, 101000, 1010000, 10100000
   b) $\bar{2}\bar{1}$, $\bar{2}\bar{1}\bar{0}$, $\bar{2}\bar{1}\bar{0}\bar{0}$, $\bar{2}\bar{1}\bar{0}\bar{0}\bar{0}$, $\bar{2}\bar{1}\bar{0}\bar{0}\bar{0}\bar{0}$

8) Schreibe die folgenden Mengen ab und unterstreiche die Elemente von G rot, die Elemente von U grün:

   a)    b)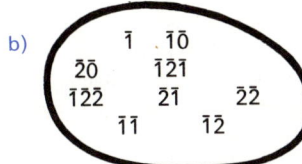

K 1

9) Schreibe folgende natürliche Zahlen im Dreiersystem:
   a) 11, 111, 1111, 11111
   b) 10, 100, 1000, 10000

10) Schreibe folgende natürliche Zahlen im Zweiersystem:
    a) $\bar{2}$, $\bar{2}\bar{0}$, $\bar{2}\bar{1}\bar{1}$, $\bar{2}\bar{0}\bar{1}\bar{1}$
    b) $\bar{1}\bar{0}$, $\bar{1}\bar{0}\bar{0}$, $\bar{1}\bar{0}\bar{0}\bar{0}$, $\bar{1}\bar{0}\bar{0}\bar{0}\bar{0}$

11) Verwandle in Minuten (Sekunden):
    a) 2 Std. b) 1 Std. 12 Min. c) 1 Std. 70 Min. d) 4 Std. 23 Min. e) 1 Tag f) 23 Std. 59 Min.

12) Verwandle in Stück:
    a) 2 Dtzd. b) 10 Dtzd. 2 Stck. c) 1 Gros 2 Dtzd. d) 1 Gros 1 Dtzd. 1 Stck. e) 12 Gros f) 12 Gros 12 Dtzd.

Oase 1

Wenn eine Karawane nach langem Marsch an eine Oase gelangt, so ist ihre Freude riesengroß: Die Tiere trinken sich satt, die Menschen sitzen im Schatten der Palmen, sprechen über die Erlebnisse auf der Reise und planen die nächste Etappe. Groß ist ihr Staunen über das, was der Mensch durch sorgfältige Pflege und viel Arbeit in der Oase geschaffen hat. —
Auch wir haben in den vorangegangenen Lernabschnitten gut und hart gearbeitet. Jetzt sind wir an einer Oase angelangt: wir wollen sehen, was uns die Begriffe und Kenntnisse nützen, wie wir sie in unserer Umwelt anwenden können. Und darüber wollen wir auch das Basteln und Spielen nicht vergessen, wie gesagt: Wir sind in einer Oase!

. **Mathematik in unserer Umwelt**
Einfache Anwendungen

) a) Zeichne von jedem der folgenden Dinge ein (farbiges) Bild auf eine Heftseite: Eiffelturm, VW 1300, Laubsäge, Feile, Traktor, Hochhaus, Segelschiff, Rakete, Hammer, Roller, Bauernhaus, Zange, Berghütte, Seilbahn, Puppe.

b) Bilde jetzt mit einer Mengenschleife
1) die Menge aller Bauwerke,
2) die Menge aller Land- oder Seefahrzeuge,
3) die Menge aller Werkzeuge,
4) die Menge aller Vögel in diesem Bild.
Welche Elemente besitzt jede Menge? Wie viele Elemente besitzt jede Menge? Gehört jedes gezeichnete Ding zu einer der obigen Mengen? Warum nicht?

c) Bilde jetzt mit einer Mengenschleife
1) die Menge aller Wohnhäuser,
2) die Menge aller Autos,
3) die Menge aller Sägewerkzeuge.
Welche Elemente besitzt jede Menge? Wie viele Elemente besitzt jede Menge? Jede Menge in c) ist Teilmenge einer Menge von b). Von welcher?

2) Stelle jede Menge, die in 1b) und 1c) vorkommt, in der Klammerschreibweise dar. Verwende für die Elemente nicht ihre Bilder, sondern ihre Namen.

3) Der Polizei waren 5 Gauner ins Netz gegangen. Sie nannten sich Maxe, Dicker, Schlau, Flasche und Kartoffel. Ihre letzte Beute hatten sie so geteilt: Kartoffel und Maxe hatten weniger erhalten als der Dicke; Schlau hatte sich mehr gesichert als Flasche, doch immer noch weniger als der Dicke. Maxe erhielt zwar mehr als Schlau, doch Kartoffel weniger als Flasche. Die Detektive der Polizei wollten nun die Namen nach der Größe ihrer Anteile ordnen. Gelingt es dir?

Weitere Anwendungen

4) Das Zweiersystem spielt eine große Rolle bei Computern (s. S. 23). Einem Computer muß natürlich die Menge von Zahlen, mit denen er rechnen soll, „eingegeben" werden. Diese Zahlen „speichert" der Computer dann. Dabei benützt er das Zweiersystem. Allerdings verwandelt er häufig nicht die ganze Zahl in das Zweiersystem, sondern nur die einzelnen Ziffern der Zahl.
Beispiel: Wird die natürliche Zahl 539, die im Zehnersystem geschrieben ist, eingegeben, so verwandelt das Rechengerät die 5 in 101, die 3 in 11, die 9 in 1001 und schreibt dann für 5 3 9 die Form (0101 0011 1001). Durch Nullen wird dabei jede Ziffer auf 4 Stellen aufgefüllt. Dieses System nennt man „Vierergruppen-System" oder „Tetraden-System".

Aufgaben: a) Schreibe die folgenden Zahlen im Tetraden-System:
367; 999; 2743; 998; 1002; 3980; 398; 867; 243; 907; 510; 2000370; 3267712; 894999; 999999999.

b) Schreibe die folgenden Tetraden-Zahlen im Zehnersystem:
(1001 1000 0011); (0010 0001 0100); (0101 0111 0110); (0011 0101); (0110); (0101 0010 0110 0111); (1000 1001 0000 0011 0000).

5) Auch das 16er-System spielt bei Rechengeräten eine wichtige Rolle:
a) Stellenwerte:

....	....	4096	256	16	1

b) Ziffern: Es werden 16 Ziffern benötigt. Da es nur 10 Zahlenziffern gibt, verwendet man für die weiteren Ziffern Buchstaben: $\bar{0}, \bar{1}, \bar{2}, \bar{3}, \bar{4}, \bar{5}, \bar{6}, \bar{7}, \bar{8}, \bar{9}, \bar{A}, \bar{B}, \bar{C}, \bar{D}, \bar{E}, \bar{F}$.
Beispiel: $\bar{2}\bar{A}$ = 2 Sechzehner + 10 Einer = 32 + 10 = **42**.
$\bar{1}\bar{3}\bar{D}$ = 256 + 48 + 13 = **317**.

Aufgaben: a) Schreibe die folgenden Zahlen des Zehnersystems im 16er-System:
18; 32; 98; 140; 64; 49; 33; 117; 72; 91; 86; 80; 100; 200; 300; 400; 500; 1000.

b) Schreibe die folgenden Zahlen des 16er-Systems im Zehnersystem (im Zweiersystem):
$\bar{1}\bar{B}$; $\bar{C}$; $\bar{3}\bar{A}$; $\bar{1}\bar{2}\bar{3}$; $\bar{A}\bar{7}$; $\bar{6}\bar{E}$; $\bar{4}\bar{F}$; $\bar{5}\bar{B}$; $\bar{B}\bar{5}$; $\bar{A}\bar{B}\bar{C}$; $\bar{D}\bar{E}\bar{F}$; $\bar{A}\bar{D}\bar{E}$; $\bar{A}\bar{F}\bar{F}\bar{E}$.

I. Basteln und Spielen: Wir bauen „Computer"

1) Ein **Computer aus Mühlesteinen** ergibt sich so:
Man nehme ein Stück Pappe mit 3 leeren Stellen, die die Stellenwerte 4—2—1 haben sollen. Dazu nehme man drei weiße und drei schwarze Mühlesteine (oder etwas Ähnliches). Ein weißer Stein soll die Ziffer „0" bedeuten, ein schwarzer die Ziffer „1".

Jetzt können wir mit unserer Maschine von 0 bis 7 zählen — und zwar im Zweiersystem. Wir brauchen sie nur mit Steinen passend zu belegen:

2) Ein **elektrischer Computer** entsteht, wenn wir z. B. drei Taschenlampen nebeneinanderstellen und vereinbaren, daß eine eingeschaltete Birne „1" und eine ausgeschaltete „0" bedeutet!

Elektrische Darstellung von „5"

3) Und so können wir **größere Computer** bauen: Wenn wir uns wie vorher Maschinen mit 4 oder mehr Stellen bauen, dann können wir auch weiter zählen! Besonders interessant wird es, wenn wir etwa das Dreier-System zugrunde legen. Da brauchen wir zum Belegen etwa rote, blaue und grüne Steine, um die drei Ziffern $\bar{0}, \bar{1}, \bar{2}$ darstellen zu können:

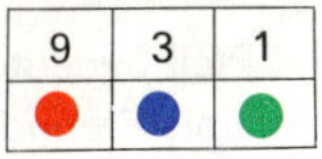

Dies ist eine Darstellung von 11, wenn blau = ● = $\bar{0}$
rot = ● = $\bar{1}$
grün = ● = $\bar{2}$

4) Ein **Nachrichtensatellit** übermittelt Buchstaben:
„7, 4, 7, 4, 7 STOP 4, 4, 4, 4, 7 STOP 7, 4, 7, 4, 4, STOP ...", so tickt der Fernschreiber der Empfangsstation. Was will der Satellit übermitteln?
Um seine Sendungen empfangen und verstehen zu können, bereiten wir 5 untereinandergelegte dreistellige Computer vor. Das ergibt — wie nebenstehend — eine Maschine mit 5 Zeilen und 3 Spalten.
Jetzt empfangen wir das erste Satellitensignal: „7, 4, 7, 4, 7". Für jeden unserer 5 Computer kommt eine Zahl durch (von oben nach unten), die wir an ihm eintragen. Dabei färben wir die Stellen schwarz, auf die ein schwarzer Stein kommen müßte. Die anderen Stellen lassen wir weiß. Das entstehende Gesamtbild ist der übermittelte Buchstabe — ein „E"!
Was ergibt sich bei „4, 4, 4, 4, 7", bei „7, 4, 7, 4, 4"?
Ersinne selbst Nachrichten! Gute Bastler vergrößern die Maschine und schreiben darauf das ganze Alphabet!

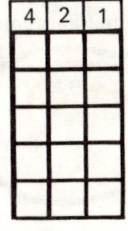

B. Zuordnen und Verknüpfen in Mengen

5 Wir stellen Beziehungen zwischen Mengenelementen her

Wenn wir die Menge der Personen in einer Familie betrachten, so bestehen zwischen den „Elementen" dieser Menge, also den Familienangehörigen, enge Beziehungen. Wie in einer Familie, so können wir in vielen Mengen interessante **Beziehungen zwischen den Elementen** entdecken!

5.1 Pfeildiagramm. Zwischen den Elementen einer Menge lassen sich häufig Beziehungen herstellen. Diese Beziehungen kann man durch Pfeildiagramme darstellen.

5.2 Zuordnung. Durch die Pfeile werden Elemente in der jeweiligen Menge einander zugeordnet. Die Pfeildiagramme sind Bilder von Zuordnungen.

5.3 Paare. Durch Zuordnung entstehen Paare einander zugeordneter Elemente.

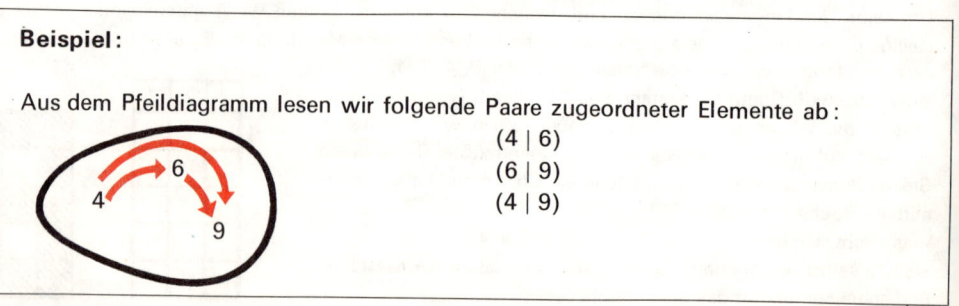

5.4 Pfeilfigur.
Zuordnungen können wir auch ohne Verwendung eines Venn-Diagramms mit eingezeichneten Pfeilen darstellen, wenn wir die folgende Pfeilfigur verwenden:

In den Pfeil ▷ schreiben wir seine Bedeutung hinein. Die □-Figuren nennen wir **Leerstellen**. In das Paar der Leerstellen setzen wir nacheinander die Paare der zugeordneten Elemente ein.

Beispiel: Die Zuordnung   können wir auch so schreiben:

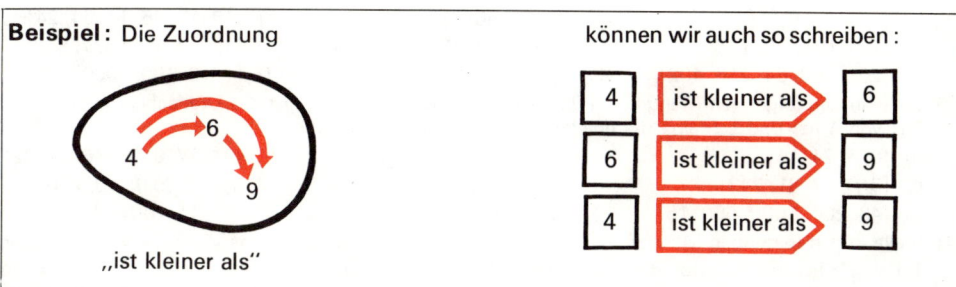

„ist kleiner als"

Aufgaben mit Lösungen

1. Aufgabe: Stelle in der Menge {2, 4, 5, 12, 10, 8, 6} ein Pfeildiagramm der Zuordnung „ist das Doppelte von" her und schreibe die entstandenen Elementpaare auf!
Lösung: a) Pfeildiagramm: b) Elementpaare der Zuordnung:
(4 | 2), (8 | 4), (10 | 5), (12 | 6).

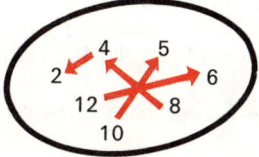

Merke: Als **1. Element** des Paares gilt dasjenige, welches am **Pfeilanfang** steht!

2. Aufgabe: In einer Menge ergibt die Zuordnung „ist die Hälfte von" folgende Paare: (3 | 6), (12 | 24), (7 | 14), (9 | 18), (6 | 12).
a) Zeichne ein Pfeildiagramm der Zuordnung!
b) Stelle die Zuordnung durch Pfeilfiguren mit je 2 ausgefüllten Leerstellen dar!
Lösung: a) Pfeildiagramm: b) Pfeilfiguren:

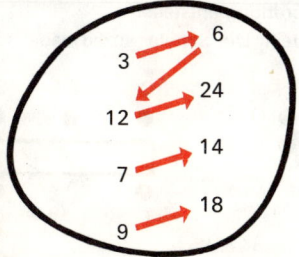

Grundübungen

1) Stelle in den folgenden Mengen ein Pfeildiagramm der Zuordnung „ist kleiner als" („ist größer als") her und schreibe die entstandenen Elementepaare auf:
   a) {17, 3, 28}
   b) {139, 1004, 1005}
   c) {28, 14, 156}
   d) {768, 347, 912}
   e) {38, 44, 6, 2}
   f) {128, 304, 15, 2048}
   g) {99, 100, 101, 102}
   h) {1, 10, 101, 110}
   i) {1, 10, 1010, 110}

2) Stelle in den folgenden Mengen ein Pfeildiagramm der Zuordnung „ist das Doppelte von" („ist die Hälfte von") her und schreibe die entstandenen Elementepaare auf:
   a) {6, 8, 3, 16}
   b) {28, 13, 56, 112, 26}
   c) {48, 17, 96, 12, 34, 24}
   d) {2, 4, 6, 8, 10, 12}
   e) {3, 6, 9, 12, 15, 18, 21, 24}
   f) {1, 2, 3, 4, 5, 6, 7, 8, 9}
   g) {201, 108, 54, 216, 402}
   h) {7, 11, 9, 5, 6, 8, 13}
   i) {1, 10, 100, 1000}

3) Stelle in den folgenden Mengen ein Pfeildiagramm der Zuordnung „ist das Dreifache von" („ist der dritte Teil von") her und schreibe die entstandenen Elementepaare auf:
   a) {8, 5, 24, 15}
   b) {21, 6, 7, 18}
   c) {27, 9, 33, 66, 11, 22}
   d) {3, 9, 27, 81, 243}
   e) {3, 6, 9, 12, 15, 18, 21, 24, 27}
   f) {3, 30, 9, 90, 270, 10}
   g) {48, 200, 6000, 600, 16}
   h) {2, 20, 200, 2000}
   i) {11, 1001, 10, 110, 10010}

4) Stelle in den folgenden Mengen ein Pfeildiagramm der Zuordnung „ist das Vierfache von" („ist der vierte Teil von") her und schreibe die entstandenen Elementpaare auf:
   a) {8, 5, 2, 20}
   b) {60, 7, 15, 28}
   c) {400, 8000, 200, 2000, 100, 25}
   d) {4, 16, 64, 256, 1024}
   e) {4, 40, 400, 10, 16, 1600}
   f) {10, 1000, 100000}

Weitere Übungen

5) Die folgenden Elementepaare sind durch je eine Zuordnung entstanden. Zeichne je ein Pfeildiagramm dieser Zuordnungen:
   a) (6 | 3), (5 | 8), (9 | 90)
   b) (6 | 3), (7 | 3), (8 | 3), (9 | 3), (10 | 3)
   c) (6 | 3), (3 | 7), (3 | 8), (9 | 3), (3 | 10)
   d) (3 | 6), (3 | 7), (3 | 8), (3 | 9), (3 | 10)

6) a) In einer Menge ergibt die Zuordnung „ist die Hälfte von" folgende Paare: (4 | 8), (5 | 10), (25 | 50), (30 | 60), (40 | 80).
   Stelle die Zuordnung als Pfeildiagramm und durch Pfeilfiguren mit je 2 ausgefüllten Leerstellen dar, in die die Elemente der Paare eingesetzt sind.
   b) Mache dasselbe für die Zuordnung „ist der dritte Teil von" und folgende Paare: (3 | 9), (7 | 21), (81 | 243), (12 | 36), (15 | 45).

7) Eine Familie besteht aus dem Vater V, der Mutter M, den Söhnen J und K, den Töchtern A und B. Zeichne die Menge all dieser Personen als großes Venn-Diagramm und stelle folgende Zuordnungen dar:
   a) „ist Kind von"
   b) „ist Bruder von"
   c) „ist Schwester von"
   d) „ist Mutter von"
   e) „ist Vater von"
   f) „ist Tochter von"
   g) „ist Sohn von"
   Schreibe in jedem Fall auch alle Elementepaare auf, die durch die Zuordnung entstehen.

8) In einer Schulklasse wird gerade Gruppenunterricht in 4 Gruppen erteilt. Die Schüler sitzen dabei so an den Tischen:

  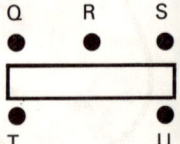

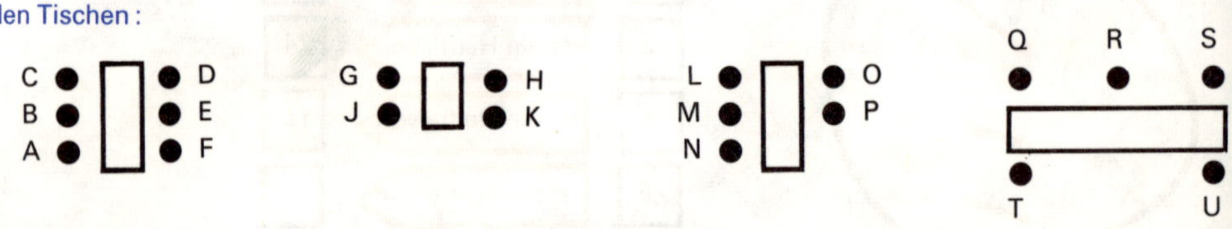

   a) Stelle für jede Gruppe ein Pfeildiagramm der Zuordnung „sitzt neben" auf.
   b) Stelle für jede Gruppe ein Pfeildiagramm der Zuordnung „sitzt gegenüber" auf.

6 Das Addieren in IN ist eine Verknüpfung

„Zusammenzählen" ist „leicht"! Aber daß „Zusammenzählen" eine **Verknüpfung** ist und sich durch **Pfeilfiguren** darstellen läßt, das zeigt uns dieser Abschnitt.

6.1 Summenbildung. Beim Addieren („Zusammenzählen") natürlicher Zahlen ordnen wir einem Zahlen**paar** aus IN, dem Paar der **Summanden,** wieder **eine** Zahl aus IN zu. Diese Zahl nennen wir die **Summe** des Zahlenpaars:

2 + 3	= 5
Summand plus Summand	
Summe	Wert der Summe

K 2

6.2 Pfeilfigur. Den Zuordnungsvorgang des Addierens können wir noch deutlicher darstellen, wenn folgende Pfeilfigur gewählt wird:

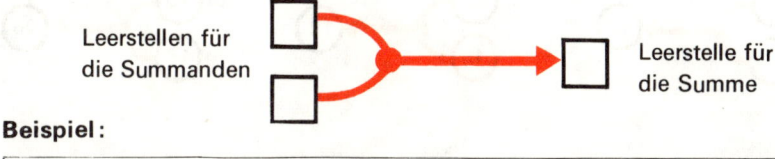

Beispiel:

Darstellung einer Addition	
durch Pfeilfigur:	durch Summenschreibweise:
	4 + 3 = 7

6.3 Verknüpfung. Die Addition ordnet einem Zahlen**paar** eine **einzige** natürliche Zahl zu. Wir sagen daher auch: Die Addition ist eine Verknüpfung eines Paares natürlicher Zahlen (zu einer natürlichen Zahl). Den Vorgang des Verknüpfens können wir so darstellen:

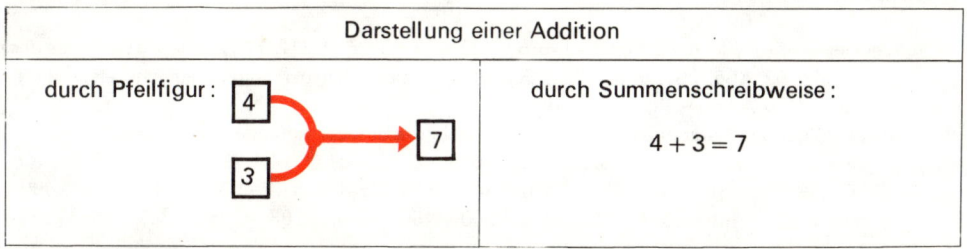

Pfeildiagramm	Summenschreibweise

1 + 2 = 3   2 + 1 = 3
4 + 5 = 9   5 + 4 = 9
6 + 7 = 13   7 + 6 = 13

Beachte: 11 + 11 = 22 wird im Pfeildiagramm so dargestellt: 11 → 22, mit einer Pfeilfigur so:

Aufgaben mit Lösungen

1. Aufgabe: Schreibe die folgenden Additionen als Pfeilfiguren: 7+ 4= 11 ; 23+ 8= 31.

Lösung:

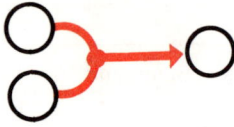

2. Aufgabe: Setze in der Pfeilfigur:

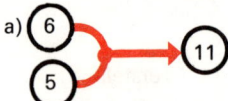

in die Summanden-Leerstellen nacheinander die Paare (6 | 5), (12 | 1), (13 | 13) ein und fülle die Summen-Leerstelle richtig aus!

Lösung: a) 6, 5 → 11 b) 12, 1 → 13 c) 13, 13 → 26

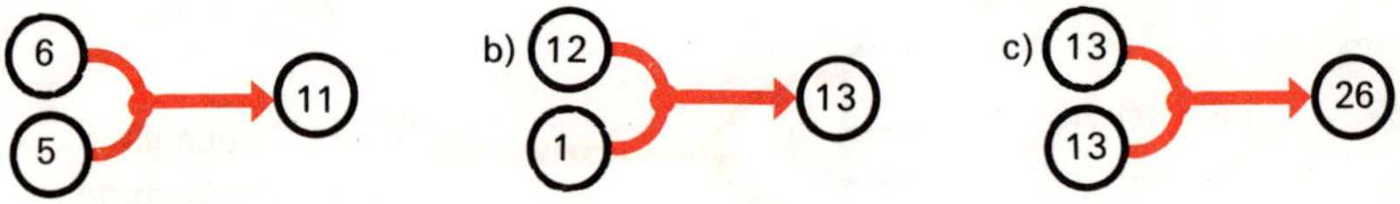

Grundübungen

1) Addiere im Kopf zu jeder der Zahlen 14 (46, 67, 235, 456, 967, 832, 312, 1 020, 2 040, 3 652) jede der Zahle 9, 27, 34, 69, 93, 156, 257, 645, 1 021. Schreibe nur den Wert der Summe auf und stelle die ersten dieser Additionen auch als Pfeilfiguren dar.

2) Führe die folgenden Additionen im Kopf aus und zeichne zu jeder Aufgabe eine Pfeilfigur:
   a) 24 + 99   b) 29 + 68   c) 62 + 88   d) 74 + 79   e) 235 + 189
   f) 450 + 398   g) 657 + 488   h) 348 + 594   i) 812 + 53   k) 74 + 890
   l) 150 + 94   m) 450 + 550   n) 2500 + 4500 o) 188 + 305   p) 763 + 277

3) Setze in der Pfeilfigur  in die Summanden-Leerstellen nacheinander die folgende

   Zahlenpaare ein und fülle die Summenleerstelle richtig aus:
   a) (23 | 56)   b) (56 | 23)   c) (17 | 56)   d) (34 | 26)   e) (29 | 76)
   f) (15 | 95)   g) (35 | 65)   h) (29 | 132) i) (39 | 49)   k) (657 | 450)
   l) (26 | 15)   m) (1 | 1000) n) (1000 | 1) o) (235 | 189) p) 189 | 235)

4) Addiere die beiden kleinsten (größten) zwei- und vierstelligen (drei- und fünfstelligen) Zahlen. Stelle Verknüpfung auch als Pfeilfigur dar.

Weitere Übungen

5) Addiere zu der größten dreistelligen Zahl, die sich aus den Ziffern 3, 7 und 5 (6, 2 und 4) bilden lä die kleinste dreistellige Zahl, die man aus den Ziffern 6, 1 und 9 (1, 8 und 7) bilden kann. Zeichne ei Pfeilfigur.

6) Zeichne die folgenden Pfeilfiguren ab und fülle die Leerstellen so aus, daß eine richtige Addition entsteht:

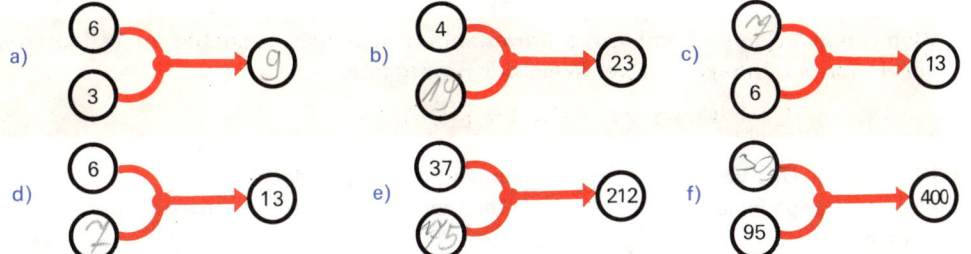

7) Wie ändert sich der Wert einer Summe, die aus einem Paar von Summanden besteht, wenn
   a) der erste Summand um 4 vergrößert wird,
   b) der erste Summand um 15 (25, 35, 45, 55) und der zweite um 55 (45, 35, 25, 15) vergrößert wird?
   c) jeder Summand um 40 (50, 100, 200, 800) vergrößert wird?

K 2

7 Zwei wichtige Additionsregeln

Schnell und sicher addieren können — das gelingt nicht nur Rechenmaschinen, sondern auch uns! Besonders wichtig sind dazu zwei Additionsregeln, das **Kommutativgesetz** und das **Assoziativgesetz**, die wir uns jetzt merken wollen.

7.1 Kommutativgesetz (Abkürzung: **K**): **Vertauscht man die Summanden, so ändert sich der Wert der Summe nicht:** $\bigcirc + \square = \square + \bigcirc$

Beispiel:

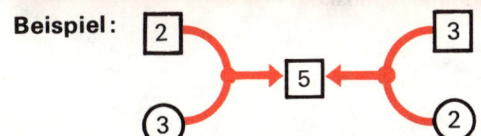

oder: $2 + 3 = 3 + 2$

7.2 Assoziativgesetz (Abkürzung: **A**). Wir vergleichen zwei Aufgaben mit je 3 Summanden:

1. Aufgabe: $(2+3)+4$		2. Aufgabe: $2+(3+4)$	
Pfeilfigur	Summenschreibweise	Pfeilfigur	Summenschreibweise
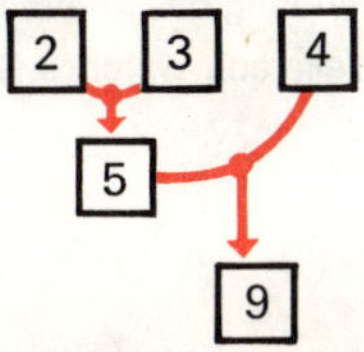 2 3 4 → 5 → 9	$(2+3)+4$ $= 5 \quad +4$ $= 9$	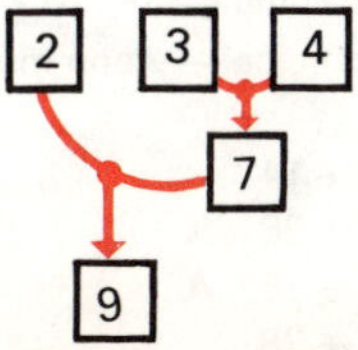 2 3 4 → 7 → 9	$2+(3+4)$ $= 2+7$ $= 9$
also:	$(2+3)+4$	$= 2+(3+4)$	

Beide Aufgaben haben dasselbe Endergebnis. Allgemein gilt:

Wenn man in einer Summe die Summanden paarweise beliebig zu Teilsummen verbindet, so ändert sich der Wert der Summe nicht:
$$\bigcirc + (\square + \triangle) = (\bigcirc + \square) + \triangle$$

7.3 Klammern. Das Verbinden von Summanden zu Teilsummen wird durch das Setzen von Klammern angedeutet. Summanden, die in einer Klammer stehen, müssen **zuerst** addiert werden.

Beispiel: In der Summe $(27 + 8) + 35$ ist $27 + 8$ die Teilsumme, deren Wert zuerst zu berechnen ist.

7.4 Besitzen Summen 3 und mehr Glieder, so kann man nach dem Assoziativgesetz den Wert der Summe auf verschiedene Weise berechnen.

Beispiel:

1. Art:	6 + 5 + 3 + 7	2. Art:	6 + 5 + 3 + 7	3. Art:	6 + 5 + 3 + 7
=	(6 + 5) + (3 + 7)	=	6 + [(5 + 3) + 7]	=	[(6 + 5) + 3] + 7
=	11 + 10	=	6 + [8 + 7]	=	[11 + 3] + 7
=	21	=	6 + 15	=	14 + 7
		=	21	=	21

Beachte: Bei mehrgliedrigen Summen lassen wir häufig die Klammern weg, da bei jeder Art der Teilsummenbildung dieselbe Endsumme herauskommt.

Aufgaben mit Lösungen

1. Aufgabe: Berechne $117 + 56 + 144$ mit Hilfe verschiedener Teilsummen, ohne die Reihenfolge der Summanden zu ändern!

Lösung:	1. Art:	117 + 56 + 144	2. Art:	117 + 56 + 144
	=	(117 + 56) + 144	=	117 + (56 + 144)
	=	173 + 144	=	117 + 200
	=	**317**	=	**317**

Die 2. Art ist für das Kopfrechnen angenehmer, da sich die Teilsumme 200 ergibt.

2. Aufgabe: Berechne die Summe $36 + 28 + 14$ möglichst bequem durch Anwendung des Kommutativ- und Assoziativgesetzes. Schreibe — wenn möglich — am Schluß einer Rechenzeile auf, welches Gesetz du verwendet hast!

Lösung:
        36 + 28 + 14
=   36 + 14 + 28   **K**
= (36 + 14) + 28   **A**
=   50   + 28
=   **78**

3. Aufgabe: Addiere die natürlichen Zahlen 5378, 376, 8024 waagerecht und senkrecht. Beginne dabei mit der Addition der Einer, dann der Zehner usw., wobei die Überträge jeweils angeschrieben werden!

Lösung: a) waagerecht:
        5378 + 376 + 8024 = **13778**
                      1 1

b) senkrecht:
   5378
    376
+ 8024
     1 1
13778

4. Aufgabe: Addiere die natürlichen Zahlen 101, 1001, 110 waagerecht und senkrecht. Mache die Probe durch Übertragung ins Zehnersystem!

K 2

Lösung: a) waagerecht:
      101 + 1001 + 110 = **10100**
                  1 1 1

b) senkrecht:
   101
  1001
+ 110
  1 1 1
10100

c) Probe: 5 + 9 + 6 = **20**

Beachte: Das „kleine Einsundeins" im Zweiersystem heißt:
    0 + 1 = 1   0 + 0 = 0
    1 + 0 = 1   1 + 1 = 10

Grundübungen

1) Berechne die folgenden Summen mit Hilfe verschiedener Teilsummen je auf 2 Arten, ohne die Reihenfolge der Summanden zu ändern:
- a) 17 + 23 + 34
- b) 37 + 45 + 55
- c) 14 + 27 + 49
- d) 29 + 68 + 132
- e) 24 + 96 + 64
- f) 39 + 49 + 51 + 128 + 72
- g) 150 + 350 + 94
- h) 450 + 550 + 27
- i) 2500 + 4500 + 463
- k) 48 + 52 + 35
- l) 99 + 1001 + 30000
- m) 4763 + 37 + 198

2) Berechne die folgenden Summen möglichst bequem durch Anwendung des Kommutativ- und Assoziativgesetzes. Schreibe dabei am Schluß einer Rechenzeile auf, welches Gesetz verwendet wurde:
- a) 17 + 34 + 23
- b) 45 + 37 + 55
- c) 68 + 29 + 132
- d) 24 + 17 + 96
- e) 32 + 24 + 15 + 48
- f) 317 + 428 + 563
- g) 29 + 93 + 171
- h) 250 + 489 + 750
- i) 385 + 263 + 115
- k) 990 + 86 + 1010
- l) 236 + 612 + 452 + 388
- m) 49 + 265 + 125 + 31
- n) 671 + 743 + 589
- o) 7432 + 645 + 3968
- p) 640 + 277 + 60 + 23

3) Addiere waagerecht:
- a) 7894 + 23506 + 340066 + 794 + 40709 + 6192
- b) 4568 + 5679 + 3091 + 7695 + 567
- c) 9408 + 708 + 9083 + 349 + 3698
- d) 67407 + 74608 + 54555 + 7892 + 92654
- e) 325689 + 408509 + 402532 + 785309 + 408765
- f) 654087 + 76 + 65543 + 897 + 7538

4) Addiere senkrecht:

a)	b)	c)	d)	e)
2 134	46 319	196 824	1 254 736	457
6 329	8 422	82 396	384 576	9 454 935
5 982	345	4 377	29 888	5 398
+ 8 411	+ 19 857	+ 483 591	+ 1 579	+ 99 968 476

5) Addiere die Zahlen in den Spalten 1—6 und in den Zeilen a—f. Bilde dann die Summe aller Zeilensummen und die Summe aller Spaltensummen. Diese beiden Summen müssen übereinstimmen. Warum?

	1)	2)	3)	4)	5)	6)
a)	3 456	34 679	78 508	437 806	127 509	4 307
b)	986	56 873	5 206	31 899	12 129	28
c)	127 809	6 361	457 889	209 107	543 895	12 048
d)	34 904	146 789	34	48 609	54 120	912
e)	75	56 981	60 006	145 807	709 805	5
f)	56 341	5 808	605 060	4 984	523 987	8 413

6) Addiere und mache die Probe im Zehnersystem:

a)	b)	c)	d)
10011	10100	10001	11011
+ 11100	+ 10101	+ 11011	+ 11011

e)	f)	g)	h)
11111	10110	110110	11000
+ 10101	+ 10001	+ 10101	+ 1101

Weitere Übungen

7) Berechne die folgenden Summen möglichst bequem durch Anwendung des Kommutativ- und Assoziativgesetzes. Schreibe dabei am Schluß einer Rechenzeile auf, welches Gesetz verwendet wurde:
   a) $37 + 61 + 43 + 49$ b) $22 + 44 + 66 + 88$ c) $39 + 13 + 21 + 57$
   d) $12 + 24 + 36 + 48 + 60$ e) $3 + 6 + 9 + 12 + 15 + 18$ f) $1 + 2 + 3 + 4 + 5 + 6 + 7 + 8 + 9 + 1$

8) Schreibe die folgenden Aufgaben als Additionen und berechne jeweils den Wert der Endsumme:
   a) Addiere zu 16 842 die Zahl 24 312.
   b) Addiere die kleinste vierstellige Zahl zur größten fünfstelligen.
   c) Addiere zu 619 die Summe der Zahlen 452 und 48.
   d) Addiere zur Summe der Zahlen 2342 und 847 die Zahl 39.
   e) Addiere die Summe der Zahlen 28 und 479 zur Summe der Zahlen 92 und 4352.

9) Übertrage die folgenden Additionsaufgaben in das Zweiersystem und berechne dann in diesem System die Summe:
   a) $26 + 53$ b) $11 + 9$ c) $124 + 32$ d) $58 + 45 + 8$ e) $27 + 13 + 6$
   f) $125 + 4$ g) $257 + 8$ h) $17 + 3$ i) $65 + 8$ k) $64 + 9$

10) Addiere und mache die Probe im Zehnersystem:
    a) $\overline{10} + \overline{1}$ b) $\overline{20} + \overline{1}$ c) $\overline{20} + \overline{10}$ d) $\overline{20} + \overline{11}$ e) $\overline{20} + \overline{12}$

11) Addiere:

a)	b)	c)	d)
10	11	1	10
101	100	11	110
1001	1001	111	1101
+ 1101	+ 1101	+ 1111	+ 11001

8 Wir addieren in Teilmengen von IN

Etwas Merkwürdiges lernen wir jetzt: Mit den **geraden Zahlen** allein kann man schon addieren, nicht aber allein mit den **ungeraden Zahlen**!

8.1 Addition gerader Zahlen. Wir wählen als **Summanden** jetzt nur gerade Zahlen, also nur Elemente der Menge G (vgl. 3.4):

Pfeildiagramm	Summenschreibweise
	$2 + 4 = 6$
	$4 + 8 = 12$
	$6 + 10 = 16$

Die Summe eines Paares gerader Zahlen ist wieder eine gerade Zahl.

Die Verknüpfung von Elementen aus G durch die Addition erzeugt wieder Elemente aus G.

8.2 Addition ungerader Zahlen. Jetzt ändern wir unsere Wahl und nehmen als **Summanden** nur ungerade Zahlen, also nur Elemente der Menge U (vgl. 3.4):

Pfeildiagramm	Summenschreibweise
	$1 + 3 = 4$
	$5 + 1 = 6$
	$7 + 5 = 12$

Die Summe eines Paares ungerader Zahlen ist eine gerade Zahl.

Die Verknüpfung von Elementen aus U durch die Addition erzeugt nicht wieder Elemente aus U, sondern aus G.

K 3

8.3 Abgeschlossenheit. In 8.1 führten die Verknüpfungspfeile nicht aus G hinaus, in 8.2 gehen sie aber aus der Menge U hinaus. Wir sagen daher:
G ist bezüglich der Addition (additiv) **„abgeschlossen"**,
U ist bezüglich der Addition (additiv) **„nicht abgeschlossen"**.

8.4 In jedem der beiden Fälle bleiben die Verknüpfungspfeile aber in IN. Dies war auch in 6.3 so. Daher können wir sagen:
IN ist bezüglich der Addition **„abgeschlossen"**.

8.5 Teilmenge. G ist eine Teilmenge von IN; **Abkürzung: G ⊂ IN**
U ist eine Teilmenge von IN; **Abkürzung: U ⊂ IN**

Beachte: Das Zeichen ⊂ heißt: „ist Teilmenge von".

Aufgaben mit Lösungen

1. Aufgabe: a) Zeichne ein Venn-Diagramm von IN und bilde darin die Teilmenge der Dreier-Zahlen.
b) Zeichne in dieser Teilmenge 3 Verknüpfungspfeile der Addition.
c) Ist die Teilmenge additiv abgeschlossen?

Lösung: zu a) und Pfeildiagramm b):

zu c): Die Summe von zwei Dreier-Zahlen ist wieder eine Dreier-Zahl. Die Pfeile führen nicht aus der Teilmenge hinaus. Sie ist daher additiv abgeschlossen.

2. Aufgabe: a) Zeichne ein Venn-Diagramm von IN und bilde darin die Teilmenge aller Zahlen mit der Endziffer 2.
b) Zeichne in dieser Teilmenge 2 Verknüpfungspfeile der Addition.
c) Ist die Teilmenge additiv abgeschlossen?

Lösung: zu a) und Pfeildiagramm b):

zu c): Da es Pfeile gibt, die aus der Teilmenge hinausführen, ist die Teilmenge additiv nicht abgeschlossen.

Grundübungen

1) a) Zeichne ein Venn-Diagramm von IN und bilde darin die Teilmenge der 4er- (5er-, 6er-, 7er-, 8er-, 9er-, 10er-, 20er-, 30er-, 40er-, 50er-) Zahlen.
   b) Zeichne in dieser Teilmenge je drei Verknüpfungspfeile der Addition.
   c) Ist die Teilmenge additiv abgeschlossen?

2) a) Zeichne ein Venn-Diagramm von IN und bilde darin die Teilmenge aller Zahlen mit der Endziffer 0 (1, 3, 4, 5, 6, 7, 8, 9).
   b) Zeichne in dieser Teilmenge je drei Verknüpfungspfeile der Addition.
   c) Ist die Teilmenge additiv abgeschlossen?

3) Zeichne das nebenstehende Zahlenquadrat ab und berechne:
   a) die Summe aller Zahlen in jeder Zeile
   b) die Summe aller Zahlen in jeder Spalte
   c) die Summe aller Zahlen von Eck zu (gegenüberliegendem) Eck!

16	3	2	13
5	10	11	8
9	6	7	12
4	15	14	1

   Wenn du richtig gerechnet hast, ergab sich jedesmal derselbe Summenwert. Ein solches Zahlenquadrat nennen wir „Zauberquadrat"; die in 3a), b), c) berechnete Summe heißen wir „Zaubersumme".

K 3

4) Welche der folgenden Quadrate sind Zauberquadrate:

a)
8	13	12
15	11	7
10	9	14

b)
9	4	11
10	8	6
5	15	17

c)
13	8	15
14	12	10
9	16	11

d)
15	8	13
10	12	14
7	16	9

5) Addiere das Paar der in Aufgabe 4) erhaltenen Zauberquadrate Feld für Feld und prüfe nach, ob sich wieder ein Zauberquadrat ergibt.

Weitere Übungen

6) a) Fülle die Zahlenquadrate so aus, daß sie Zauberquadrate werden:

1)
1	6	5
8		0
3		7

2)
11	6	13
12		
		9

3)
18		
	17	
14		16

4)
		5
	4	6
3		

b) Wie groß ist jedesmal die Zaubersumme?

7) Addiere je ein Paar der in Aufgabe 6) erhaltenen Zauberquadrate Feld für Feld und prüfe nach, ob sich wieder ein Zauberquadrat ergibt!

8) Versuche, selbst Zauberquadrate herzustellen.

9 Das Multiplizieren in IN ist eine Verknüpfung.

Eine ganz enge Beziehung zum Lernabschnitt 7 über das Addieren entdecken wir jetzt: Auch das „Malnehmen" ist eine **Verknüpfung!**

9.1 Produktbildung. Beim Multiplizieren („Malnehmen") natürlicher Zahlen ordnen wir einem Zahlen**paar** aus **IN**, dem Paar der **Faktoren,** wieder **eine** Zahl **aus IN** zu. Diese Zahl nennen wir das **Produkt** des Zahlenpaars:

2	·	3	= 6
Faktor	mal	Faktor	
Produkt			Wert des Produkts

9.2 Pfeilfigur und Verknüpfung. Wie die Addition ist die Multiplikation eine Verknüpfung natürlicher Zahlen, weil sie einem Zahlenpaar **eine** Zahl aus IN zuordnet.
Beispiel: (s. Lernabschnitt 6)

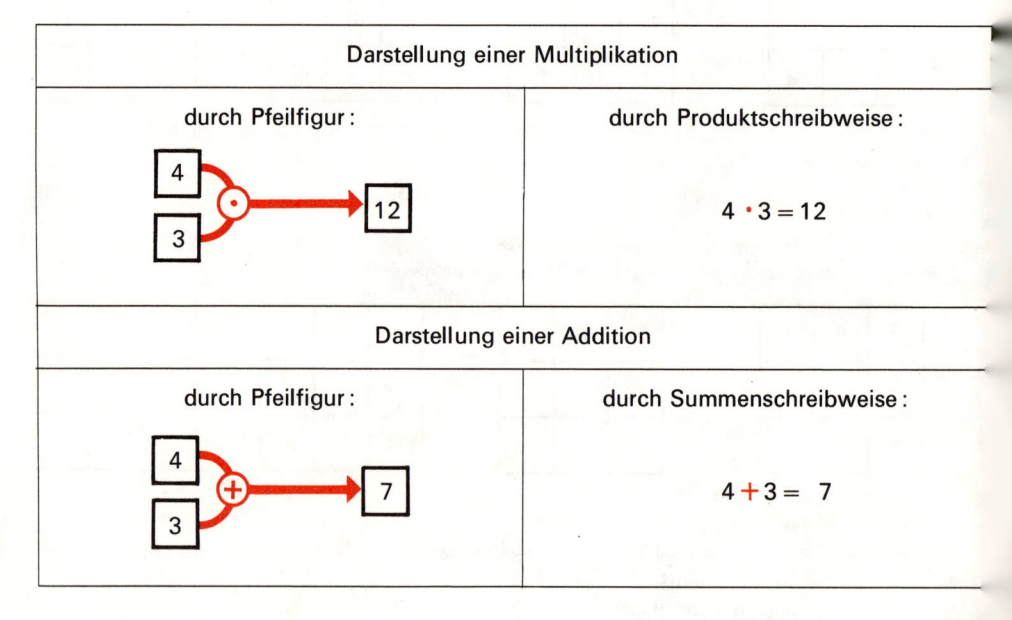

Darstellung einer Multiplikation	
durch Pfeilfigur:	durch Produktschreibweise:
4, 3 → 12	4 · 3 = 12
Darstellung einer Addition	
durch Pfeilfigur:	durch Summenschreibweise:
4, 3 → 7	4 + 3 = 7

9.3 Abgeschlossenheit. Das Produkt eines Paars von natürlichen Zahlen ist **wieder** eine natürliche Zahl. IN **ist bezüglich der Multiplikation „abgeschlossen"** (vgl. 8.4):

Pfeildiagramm	Produktschreibweise
(IN mit Pfeilen)	1 · 1 = 1 2 · 3 = 6 3 · 2 = 6 7 · 7 = 49 5 · 10 = 50 10 · 5 = 50 3 · 4 = 12 4 · 3 = 12 **Beachte: Jeder Verknüpfungspfeil stellt 2 Multiplikationen dar!**

K 3

9.4 Neutralelement. Multipliziert man eine natürliche Zahl mit 1, so ist der Wert des Produkts gleich der natürlichen Zahl.
Die Zahl 1 nennen wir daher das Neutralelement der Multiplikation.

Beispiele: 1) 19 · 1 = 19   2) 37 · 1 = 37

Aufgaben mit Lösungen

1. Aufgabe: Berechne zu folgenden Faktorenpaaren die zugeordneten Produkte:
a) (37 | 10), b) (672 | 100), c) (43 | 1000).
Stelle jede Verknüpfung auch durch eine Pfeilfigur dar!
Lösung: a) 37 · 10 = 370   b) 672 · 100 = 67 200   c) 43 · 1000 = 43 000

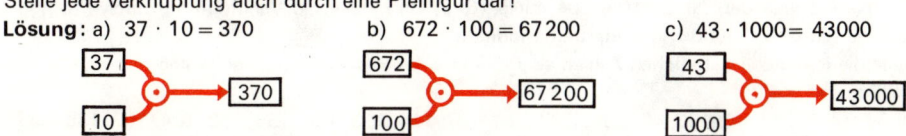

Beachte: Wird eine im Zehnersystem geschriebene natürliche Zahl mit 10, 100, 1 000, ... multipliziert, so werden — um das Produkt zu erhalten — an die natürliche Zahl eine, zwei, drei, ... Nullen angehängt.

2. Aufgabe: Stelle die folgenden Elemente von $\mathbb{N}$ als Produkt eines Paars von natürlichen Zahlen dar („Faktorzerlegung"):
a) 40   b) 400   c) 6 000 000

Lösung: a) $40 = 4 \cdot 10$ oder $40 = 2 \cdot 20$ oder $40 = 5 \cdot 8$ usw.
b) $400 = 4 \cdot 100$ oder $400 = 2 \cdot 200$ oder $400 = 5 \cdot 80$ usw.
c) $6\,000\,000 = 2 \cdot 3\,000\,000$ oder $6\,000\,000 = 5 \cdot 1\,200\,000$ usw.

3. Aufgabe: Wähle als Faktoren ungerade Zahlen, also die Elemente der Menge U. Fertige wie in 9.3 eine Übersichtstabelle für das Multiplizieren ungerader Zahlen!

Lösung:

Pfeildiagramm	Produktschreibweise
(Diagramm mit Mengen G = {2, 4, 6, 8, 10, 12, ...} und U = {1, 3, 5, 7, 9, 11, 13, 15, 17, 19, 21, 23, 25, 27, 29, ...} in $\mathbb{N}$)	$3 \cdot 3 = 9$ $3 \cdot 5 = 15$

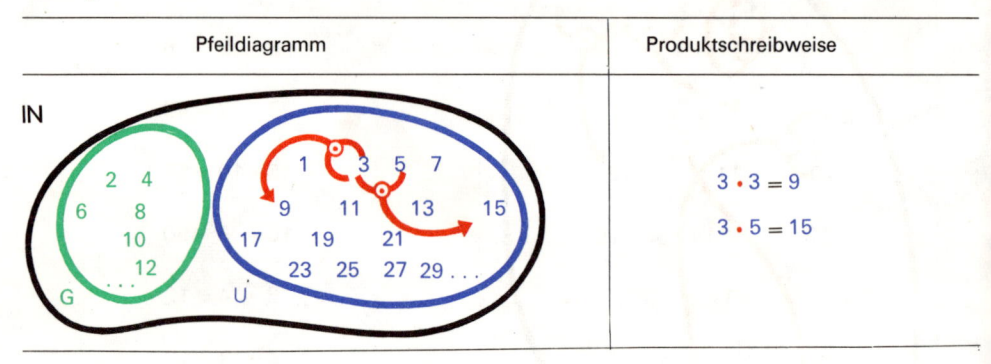

Wir erkennen: Das Produkt ungerader Zahlen ist wieder ungerade. U ist bezüglich der Multiplikation abgeschlossen (vgl. 9.3).

Grundübungen

1) Berechne im Kopf zu folgenden Faktorenpaaren die Produkte und stelle die Verknüpfungen in a) als Pfeilfiguren dar.
    a) (10 I 37), (4372 I 10), (10 I 162513), (490 I 10), (10 I 26000), (470000 I 10)
    b) (100 I 48), (716 I 100), (100 I 3714), (26486 I 100), (100 I 38216487)
    c) (1000 I 93), (812 I 1000), (1000 I 2904), (13817 I 1000), (1000 I 22438)
    d) (10000 I 10), (10 I 10000), (1000 I 1000), (10000 I 10000).
2) Multipliziere jede Zahl links vom senkrechten Strich mit jeder der Zahlen rechts vom Strich; schreibe nur den Wert des Produkts auf:
    a) **5, 2** | 11, 15, 12, 21, 16, 18, 24, 9, 13, 22
    b) **4, 8** | 12, 16, 13, 22, 17, 19, 25, 10, 14, 23
    c) **3, 9** | 13, 17, 14, 23, 18, 20, 26, 11, 25, 24
3) Schreibe die Menge der 10 ersten 11er- (12er-, 13er-, 14er-, 15er-, 16er-, 17er-, 18er-, 19er-, 20er-, 25er-) Zahlen in der Klammerschreibweise so auf, daß die Elemente der Größe nach geordnet sind.
4) Multipliziere jede der Zahlen 103, 204 mit 5 (6, 9) und stelle die Verknüpfung durch Pfeilfiguren dar.
5) Löse die Aufgabe 4) für die Verknüpfung „Addition".
6) Stelle die folgenden natürlichen Zahlen als Produkt eines Paares natürlicher Zahlen dar; mache in a) auch Pfeilfiguren:
    a) 36, 72, 12, 66, 45, 100, 42, 80, 52, 95, b) 117, 114, 119, 136, 133, 162, 104, 102, 135, 153,
    c) 36, 48, 49, 84, 72, 60, 96, 112, 108, 126, d) 11, 12, 13, 14, 15, 16, 17, 18, 19, 20.

Weitere Übungen

7) Zeichne ab und fülle richtig aus:

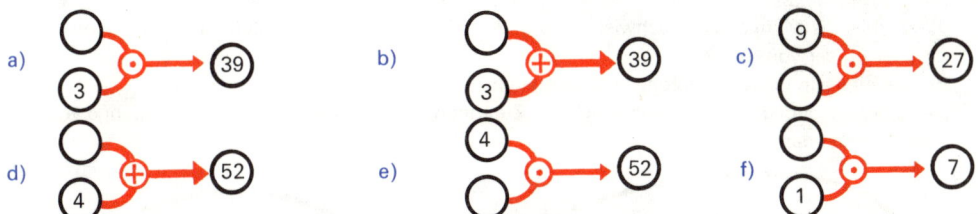

a) ○, 3 ⊙ → 39   b) ○, 3 ⊕ → 39   c) 9, ○ ⊙ → 27

d) ○, 4 ⊕ → 52   e) 4, ○ ⊙ → 52   f) ○, 1 ⊙ → 7

8) a) Zeichne ein großes Venn-Diagramm von IN und bilde darin die Teilmenge der 2er- (3er-, 4er-, 5er-) Zahlen.
   b) Zeichne in dieser Teilmenge je drei Verknüpfungspfeile der Multiplikation.
   c) Ist die Teilmenge multiplikativ abgeschlossen?

9) a) Zeichne ein großes Venn-Diagramm von IN und bilde darin die Teilmenge aller Zahlen mit der Endziffer 0 (1, 2, 3, 4, 5, 6, 7, 8, 9).
   b) Zeichne in dieser Teilmenge je drei Verknüpfungspfeile der Multiplikation.
   c) Ist die Teilmenge multiplikativ abgeschlossen?

10) Ein Flugzeug hat 52 Sitze. Die Fluggesellschaft besitzt 7 Flugzeuge dieses Typs. Wie viele Passagiere können höchstens befördert werden?

11) Eine Limonadenfabrik füllt in jeder Stunde 1 250 Flaschen ab. Wie viele Flaschen werden an 5 Arbeitstagen abgefüllt, wenn täglich 8 Stunden gearbeitet wird?

12) Ein Buch hat 18 Bogen, ein Bogen umfaßt 16 Seiten, und auf jeder Seite stehen 32 Zeilen zu je 60 Buchstaben.
    a) Wie viele Zeilen stehen in dem Buch?
    b) Wie viele Buchstaben stehen auf einer Seite (einem Bogen, im ganzen Buch)?

K 3

Oase 2

1. Mathematik in unserer Umwelt
Einfache Anwendungen

1) Eine Firma kaufte eine Hobelmaschine für 12 300 DM. Die Verpackung kostete 230 DM, die Verladung 175,50 DM, der Transport 748,60 DM. Bis die Maschine fertig aufgestellt war, entstanden nochmals Kosten in Höhe von 183,40 DM.
   a) Wieviel DM Unkosten entstanden?
   b) Wie teuer kam die Maschine samt Unkosten?

2) Ein Miethaus hat 5 Wohnungen. Die Monatsmiete der Wohnungen beträgt 500 DM, 450 DM, 670 DM, 240 DM, 720 DM.
   a) Wieviel DM Mieteinnahmen erhält der Hausbesitzer in einem Jahr?
   b) Wieviel DM bleiben ihm von diesen Einnahmen, wenn er mit monatlichen Hausunkosten (Reparaturen, Abgaben) von 230 DM rechnen muß?

3) Der Tank eines PKW enthält 46 l, wovon 6 l „Reserve" sind.
   a) Wieviel km kann man fahren, wenn auf 100 km 8 l Benzin verbraucht werden und die „Reserve" ganz erhalten bleiben soll?

b) Der Wagen startet mit vollem Tank zu einer Ferienreise von 1 100 km. Wie oft muß man unterwegs tanken, wenn die „Reserve" immer ganz erhalten bleiben soll? Wieviel l Benzin werden verbraucht?

4) Margit, Benno, Gregor, Karl und Ursula sind Geschwister.
   a) Zeichne die Menge der Geschwister und in ihr ein Pfeildiagramm der Zuordnung „ist Schwester von" („ist Bruder von").
   b) Schreibe alle Paare zugeordneter Elemente auf.

5) Jedes der folgenden Pfeildiagramme stellt die Zuordnung „ist Schwester von" in einer Menge von Jungen und Mädchen dar:

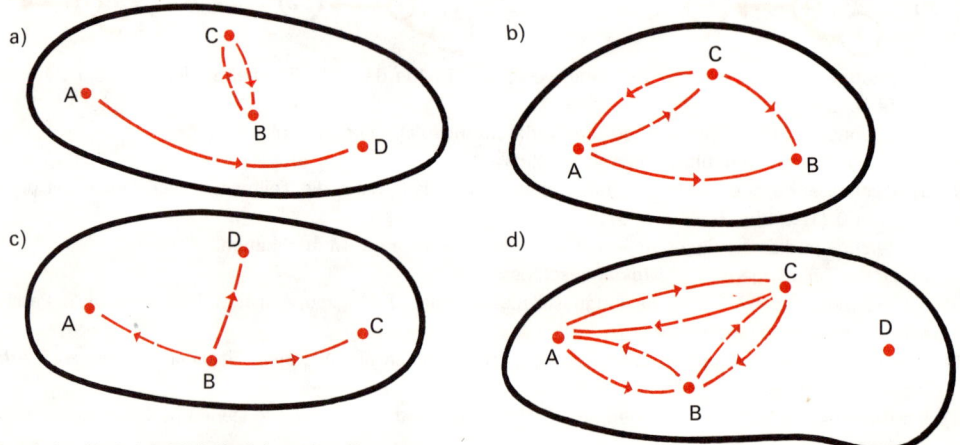

Bearbeite für jedes Bild die folgenden Fragen:
a) Welche Personen sind sicher Jungen, welche sicher Mädchen?
b) Welche Personen sind Geschwister?
c) Schreibe alle Paare zugeordneter Elemente auf.
d) Zeichne für jede Menge ein Pfeildiagramm der Zuordnung „ist Bruder von" („ist ein Geschwister von").

Weitere Anwendungen

6) Eine Gruppe von Schülern wurde befragt, wen sie am liebsten als Freund hätten. Diese Befragung wurde als Pfeildiagramm der Zuordnung „hätte am liebsten als Freund" dargestellt. Es ergab sich folgendes Bild (die Buchstaben bedeuten Schüler):

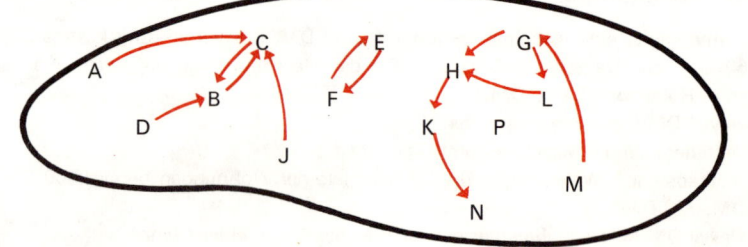

Was kann man aus diesem Bild über die Schülergruppe sagen? (Teilgruppen, beliebteste Schüler, Einzelgänger.)

7) Eva stellt Fritz Kopfrechenaufgaben zum Üben des Addierens. Fritz ist übermütig aufgelegt und sagt als „Summe" immer die 1. Summandenzahl, die Eva nennt; bei 3+5 sagt Fritz also als „Summe" 3, bei (8+5)+3 nennt er 8 als „Summe".

a) Stelle mit Hilfe der Pfeilfigur ○→□ folgende „Additionen" von Fritz dar:

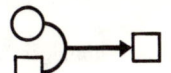

$7 + 12$; $12 + 7$; $53 + 163$; $163 + 53$; $49 + 28$; $28 + 49$.
Beachte dabei: in die ○-Leerstelle kommt der 1. Summand hinein.

b) Welche „Summen" erhält Fritz bei folgenden Additionen:
$(6 + 17) + 9$; $6 + (17 + 9)$; $7 + (23 + 8) + 4$; $(7 + 23) + (8 + 4)$?

c) Gilt bei der „Addition von Fritz" das Kommutativgesetz?

d) Gilt bei der „Addition von Fritz" das Assoziativgesetz?

II. Basteln und Spielen: Ein Uhrenspiel — und was dahinter steckt

Es handelt sich um ein **Spiel für zwei Personen A und B**.

1) Um das Spiel spielen zu können, zeichnen wir uns ein uhrenförmiges Spielblatt wie nebenstehend und legen ein Stäbchen als Zeiger auf die „Zeitstelle" 0. Jeder Spieler erhält sechs Spielmarken. A spielt beispielsweise mit roten, B mit blauen Marken.

An drei Zügen zeigen wir nun, wie gespielt wird:

1. Zug: Spieler A setzt (willkürlich!) eine rote Marke auf 2 und rückt den Zeiger um 2 weiter.

2. Zug: Spieler B legt (willkürlich!) eine blaue Marke auf 5. Der Zeiger rückt dann von seiner Stellung 2 um die gesetzte Zahl, also 5, weiter auf 7. Dorthin darf B ebenfalls eine blaue Marke legen.

3. Zug: A legt eine rote Marke auf 6 (diese Stelle war noch frei). Damit rückt der Zeiger um 6 weiter, also auf 5. Er wirft die dort sitzende blaue Marke hinaus. A darf sie durch eine rote Marke ersetzen.

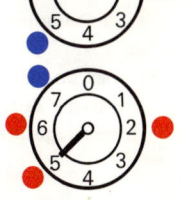

Das Spiel geht weiter, wobei möglichst viele gegnerische Marken hinausgeworfen werden müssen. Doppelbesetzungen an einer Stelle sind nicht zulässig. Sind alle Stellen besetzt, dann ist das Spiel beendet. Gewonnen hat derjenige, der die meisten Marken untergebracht hat. (Natürlich läßt sich das Spiel auch mit anderen Spielblättern machen, die mehr „Zeitstellen" enthalten.)

2) Was steckt hinter dem Uhrenspiel? Die einzelnen Spielzüge können wir als Verknüpfungen von Zahlenpaaren zu einer Zahl auffassen. Wieso? Betrachten wir einmal die 3 Spielzüge mathematisch:

1. Zug: Bei ihm geschah folgende „Rechnung":
„um 2 weiter als 0 ergibt 2", kurz: „2 **w** 0 = 2".

2. Zug: Bei ihm wurde so gerechnet:
„um 5 weiter als 2 ergibt 7", kurz: „5 **w** 2 = 7".

3. Zug: Hier wurde so gerechnet:
„um 6 weiter als 7 ergibt 5", kurz: „6 **w** 7 = 5".

So betrachtet, wird tatsächlich einem Zahlenpaar wieder eine Zahl zugeordnet:

Statt „6 **w** 7 = 5" können wir auch schreiben: $\genfrac{}{}{0pt}{}{6}{7} \to \text{w} \to 5$

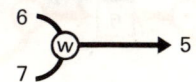

3) Die drei Spielzüge zeigten natürlich noch nicht alle Verknüpfungsmöglichkeiten. In der folgenden Tabelle sind alle zusammengestellt:

Verknüpfungstafel:

w	0	1	2	3	4	5	6	7
0	0	1	2	3	4	5	6	7
1	1	2	3	4	5	6	7	0
2	2	3	4	5	6	7	0	1
3	3	4	5	6	7	0	1	2
4	4	5	6	7	0	1	2	3
5	5	6	7	0	1	2	3	4
6	6	7	0	1	2	3	4	5
7	7	0	1	2	3	4	5	6

Ablesebeispiel: 2 w 3 = 5

4) Die Verknüpfung „w" an unserer Uhr hat viele Eigenschaften mit der Addition gemeinsam:
   a) Es gilt das Kommutativgesetz:
      Beispiel: 5 w 7 = 7 w 5
   b) Es gilt das Assoziativgesetz:
      Beispiel: (2 w 3) w 6 = 5 w 6 = 3
      2 w (3 w 6) = 2 w 1 = 3   also: (2 w 3) w 6 = 2 w (3 w 6)

5) Hast du Spaß an der Sache bekommen? Dann stelle dir doch einmal eine andere Spieluhr mit mehr oder weniger Zeitstellen her. Schreibe für sie eine neue Verknüpfungstabelle auf und untersuche, ob das Kommutativgesetz und das Assoziativgesetz gelten.

10 Zwei wichtige Multiplikationsregeln

Wie bei der Addition, so gilt auch bei der Multiplikation das **Kommutativ-** und **Assoziativgesetz.** Sie werden uns das Multiplizieren oft erleichtern, genauso wie eine praktische Kurzschreibweise für besondere Produkte, die **Potenzschreibweise.**

10.1 Kommutativgesetz (K). Vertauscht man die Faktoren, so ändert sich der Wert des Produkts nicht: $\bigcirc \cdot \square = \square \cdot \bigcirc$

Beispiel:

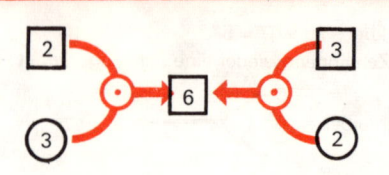

oder: 2 · 3 = 3 · 2

10.2 Assoziativgesetz (A). Wir vergleichen zwei Aufgaben mit je 3 Faktoren:

1. Aufgabe: (2 · 3) · 4		2. Aufgabe: 2 · (3 · 4)	
Pfeilfigur	Produktschreibweise	Pfeilfigur	Produktschreibweise
	(2 · 3) · 4		2 · (3 · 4)
	= 6 · 4		= 2 · 12
	= 24		= 24
also:	(2 · 3) · 4	=	2 · (3 · 4)

Beide Aufgaben haben dasselbe Endergebnis. Allgemein gilt:

Wenn man in einem Produkt die Faktoren paarweise beliebig zu Teilprodukten zusammenfaßt, so ändert sich der Wert des Produkts nicht:

$$\bigcirc \cdot (\square \cdot \triangle) = (\bigcirc \cdot \square) \cdot \triangle$$

K 4

10.3 Klammern. Das Verbinden von Faktoren zu Teilprodukten wird durch das Setzen von Klammern angedeutet. Faktoren, die in einer Klammer stehen, müssen zuerst multipliziert werden.
Beispiel: In dem Produkt (27 · 8) · 35 ist 27 · 8 das Teilprodukt, dessen Wert zuerst zu berechnen ist.

10.4 Bei Produkten mit 3 und mehr Faktoren kann man unter Verwendung des Assoziativgesetzes den Wert des Produkts (auf verschiedene Weise) berechnen.
Beispiel: 1. Art: 6 · 5 · 3 · 7   2. Art: 6 · [(5 · 3) · 7]   3. Art: [(6 · 5) · 3] · 7
= (6 · 5) · (3 · 7)   = 6 · [15 · 7]   = [30 · 3] · 7
= 30 · 21   = 6 · 105   = 90 · 7
= **630**   = **630**   = **630**

Beachte: Bei mehrgliedrigen Produkten lassen wir häufig die Klammern weg, da bei jeder Art der Teilproduktbildung dasselbe Ergebnis herauskommt.

10.5 Potenzen. Produkte aus 2 oder mehreren gleichen Faktoren nennt man Potenzen.
Beispiel: 3 · 3 · 3 · 3 · 3 ist eine Potenz mit 5 Faktoren namens 3. Diese Potenz schreibt man kürzer 3^5 („3 hoch 5"). **3** ist die **„Basis"**, **5** die **„Hochzahl"** (Exponent) der Potenz. Die Hochzahl gibt an, wie oft man die Basis als Faktor schreiben muß.

Aufgaben mit Lösungen

1. Aufgabe: Berechne die folgenden Produkte möglichst bequem durch Anwendung des Kommutativgesetzes (K) und des Assoziativgesetzes (A). Zerlege evtl. in Faktoren. Schreibe — wenn möglich — am Schluß einer Rechenzeile auf, welches Gesetz verwendet wurde:
a) $5 \cdot 439 \cdot 2$ b) $16 \cdot 75 \cdot 25$

Lösung: a) $5 \cdot 439 \cdot 2$ b) $16 \cdot 75 \cdot 25$
           $= 5 \cdot 2 \cdot 439$ K $= 2 \cdot 8 \cdot 75 \cdot 25$ Faktorzerlegung von 16
           $= (5 \cdot 2) \cdot 439$ A $= 75 \cdot 2 \cdot 8 \cdot 25$ K
           $= 10 \cdot 439$ $= (75 \cdot 2) \cdot (8 \cdot 25)$ A
           $= \mathbf{4390}$ $= 150 \cdot 200$
                                        $= \mathbf{30000}$

2. Aufgabe: Schreibe die folgenden Potenzen abgekürzt:
a) $13 \cdot 13 \cdot 13 \cdot 13 \cdot 13 \cdot 13 \cdot 13 \cdot 13$.
b) $26 \cdot 26 \cdot 26 \cdot 26 \cdot 26 \cdot 26 \cdot 26 \cdot 26 \cdot 26 \cdot 26 \cdot 26 \cdot 26 \cdot 26$.

Lösung: a) $\mathbf{13^8}$;   b) $\mathbf{26^{13}}$
          13 kommt **8**-mal als Faktor vor.   26 kommt **13**-mal als Faktor vor.

3. Aufgabe: Wende auf die folgenden Produkte das Kommutativ- und Assoziativgesetz so an, daß man die Potenzschreibweise anwenden kann:
a) $7 \cdot 9 \cdot 9 \cdot 7 \cdot 9$ b) $14 \cdot 8 \cdot 8 \cdot 8 \cdot 9 \cdot 14 \cdot 8 \cdot 14 \cdot 9$

Lösung: a) $7 \cdot 9 \cdot 9 \cdot 7 \cdot 9$ b) $14 \cdot 8 \cdot 8 \cdot 8 \cdot 9 \cdot 14 \cdot 8 \cdot 14 \cdot 9$
           $= 7 \cdot 7 \cdot 9 \cdot 9 \cdot 9$ K $= 14 \cdot 14 \cdot 14 \cdot 8 \cdot 8 \cdot 8 \cdot 8 \cdot 9 \cdot 9$ K
           $= (7 \cdot 7) \cdot (9 \cdot 9 \cdot 9)$ A $= (14 \cdot 14 \cdot 14) \cdot (8 \cdot 8 \cdot 8 \cdot 8) \cdot (9 \cdot 9)$ A
           $= \mathbf{7^2 \cdot 9^3}$ $= \mathbf{14^3 \cdot 8^4 \cdot 9^2}$

4. Aufgabe: Berechne den Wert folgender Potenzen: a) 2^3 b) 3^2.

Lösung: a) 2^3 b) 3^2
           $= 2 \cdot 2 \cdot 2$ $= 3 \cdot 3$
           $= (2 \cdot 2) \cdot 2$ $= \mathbf{9}$ **Beachte:** 2^3 ist nicht gleich $2 \cdot 3$.
           $= 4 \cdot 2$ 3^2 ist nicht gleich $3 \cdot 2$.
           $= \mathbf{8}$

Grundübungen

1) Berechne die folgenden Produkte möglichst bequem durch Anwendung des Kommutativ- und Assoziativgesetzes. Schreibe am Ende einer Rechenzeile auf, welches Gesetz verwendet wurde:
    a) $2 \cdot 35 \cdot 50$ b) $2 \cdot 13 \cdot 50$ c) $2 \cdot 47 \cdot 500$ d) $2 \cdot 27 \cdot 50$
    e) $15 \cdot 8 \cdot 2 \cdot 25$ f) $4 \cdot 17 \cdot 25$ g) $4 \cdot 73 \cdot 25$ h) $4 \cdot 42 \cdot 25$

2) Schreibe einen Faktor als Produkt (Faktorzerlegung), wende dann Kommutativ- bzw. Assoziativgesetz a und rechne so einfacher:
    a) $38 \cdot 5$ b) $430 \cdot 5$ c) $25 \cdot 48$ d) $120 \cdot 25$ e) $684 \cdot 50$
    f) $50 \cdot 78$ g) $125 \cdot 12$ h) $125 \cdot 72$ i) $16 \cdot 75$ k) $75 \cdot 24$

3) Schreibe die folgenden Potenzen abgekürzt:
    a) $4 \cdot 4$ b) $5 \cdot 5 \cdot 5 \cdot 5$ c) $27 \cdot 27 \cdot 27 \cdot 27 \cdot 27$ d) $34 \cdot 34 \cdot 34 \cdot 34 \cdot 34$
    e) $128 \cdot 128 \cdot 128 \cdot 128 \cdot 128 \cdot 128 \cdot 128 \cdot 128 \cdot 128 \cdot 128 \cdot 128 \cdot 128 \cdot 128$ f) $919 \cdot 919$

Schreibe die folgenden Potenzen ausführlich und berechne ihren Wert:
a) 3^4 b) 4^3 c) 2^5 d) 5^2 e) 6^5 f) 9^3 g) 7^6
h) 14^2 i) 17^2 k) 1^5 l) 10^6 m) 10^4 n) 800^2 o) 500^2

Wende auf die folgenden Produkte das Kommutativ- und Assoziativgesetz so an, daß sich die abgekürzte Potenzschreibweise verwenden läßt:
a) $3 \cdot 2 \cdot 3 \cdot 2 \cdot 3$ b) $15 \cdot 6 \cdot 6 \cdot 15 \cdot 4 \cdot 15 \cdot 4$ c) $31 \cdot 8 \cdot 17 \cdot 31 \cdot 17 \cdot 8 \cdot 8$
d) $12 \cdot 5 \cdot 3 \cdot 5 \cdot 3 \cdot 5 \cdot 12 \cdot 12$ e) $28 \cdot 100 \cdot 13 \cdot 14 \cdot 28 \cdot 100 \cdot 14 \cdot 13$
f) $7 \cdot 11 \cdot 9 \cdot 9 \cdot 11 \cdot 7 \cdot 7 \cdot 9 \cdot 7$ g) $25 \cdot 6 \cdot 13 \cdot 13 \cdot 25$

Berechne die sogenannten „Quadratzahlen": $1^2, 2^2, 3^2, 4^2, 5^2, 6^2, \ldots 20^2, 25^2$.

Berechne die Potenzen: a) $2^2, 2^3, 2^4, 2^5, 2^6, 2^7, 2^8, 2^9, 2^{10}$ b) $3^2, 3^3, 3^4, 3^5, 3^6$

eitere Übungen

Schreibe die folgenden Zahlen als Potenzen mit der Hochzahl 2:
a) 9   b) 16   c) 49   d) 121   e) 64   f) 81   g) 169   h) 289   i) 225

Schreibe als Potenzen mit der Basis 10:
a) 100   b) 10 000   c) 1 000 000   d) 100 000 000

Schreibe als Produkt einer Potenz und einer natürlichen Zahl:
a) 50   b) 98   c) 162   d) 242   e) 288
f) 24   g) 648   h) 375   i) 128   k) 54
l) 80   m) 180   n) 450   o) 200   p) 300

Berechne:
a) $6^2 \cdot 4$ b) $9^2 \cdot 5$ c) $3^3 \cdot 10$ d) $2^3 \cdot 4 \cdot 10$ e) $10^2 \cdot 5$
f) $10^4 \cdot 6$ g) $10^5 \cdot 10$ h) $10^6 \cdot 2$ i) $8 \cdot 2^4$ k) $9 \cdot 2^5$

Schreibe die folgenden Aufgaben ab und fülle die Leerstellen so aus, daß eine richtige Multiplikation entsteht:
a) $8 \cdot 12 = \square$ b) $3 \cdot \square = 24$ c) $12 \cdot \square = 108$
d) $11 \cdot \square = 121$ e) $9 \cdot \square = 117$ f) $8 \cdot \square = 112$
g) $4^\square = 64$ h) $\square^3 = 27$ i) $2^\square = 1024$

Eine Bakterie teilt sich jede Stunde. Wie viele Bakterien entstehen an einem halben Tag aus einer einzigen?

Wie viele Großväter (Großeltern), Urgroßväter (Urgroßeltern), Ur-Ur-Großväter (Ur-Ur-Großeltern) hat jeder Mensch? Zeichne einen „Stammbaum".

Wie ändert sich der Wert eines Produkts, das aus einem Paar von Faktoren besteht, wenn
a) der erste Faktor verdoppelt wird,
b) der zweite Faktor vervierfacht wird,
c) der erste Faktor verdoppelt und der zweite vervierfacht wird,
d) der erste Faktor und der zweite Faktor verdoppelt wird,
e) der erste und der zweite Faktor verzehnfacht wird?

K 4

Zusammenhänge zwischen „Addition" und „Multiplikation"

Addition und Multiplikation stehen in einem engen Zusammenhang. Dies zeigt sich besonders im **Distributivgesetz**. Ohne dieses Gesetz könnten wir mehrstellige Zahlen nicht miteinander multiplizieren!

11.1 Übersicht. Addition und Multiplikation in IN weisen gemeinsame Eigenschaften auf, die in der folgenden Übersicht zusammengestellt sind:

Addition in IN	Multiplikation in IN
1) Die Summe natürlicher Zahlen ist eine natürliche Zahl. IN ist additiv abgeschlossen.	1) Das Produkt natürlicher Zahlen ist eine natürliche Zahl. IN ist multiplikativ abgeschlossen.
2) Es gilt das Kommutativgesetz.	2) Es gilt das Kommutativgesetz.
3) Es gilt das Assoziativgesetz.	3) Es gilt das Assoziativgesetz.

Vergleiche hierzu die vorangegangenen Lernabschnitte!

11.2 Wir betrachten jetzt zwei Aufgaben, in denen zugleich die Verknüpfungen „Addition" und „Multiplikation" vorkommen:

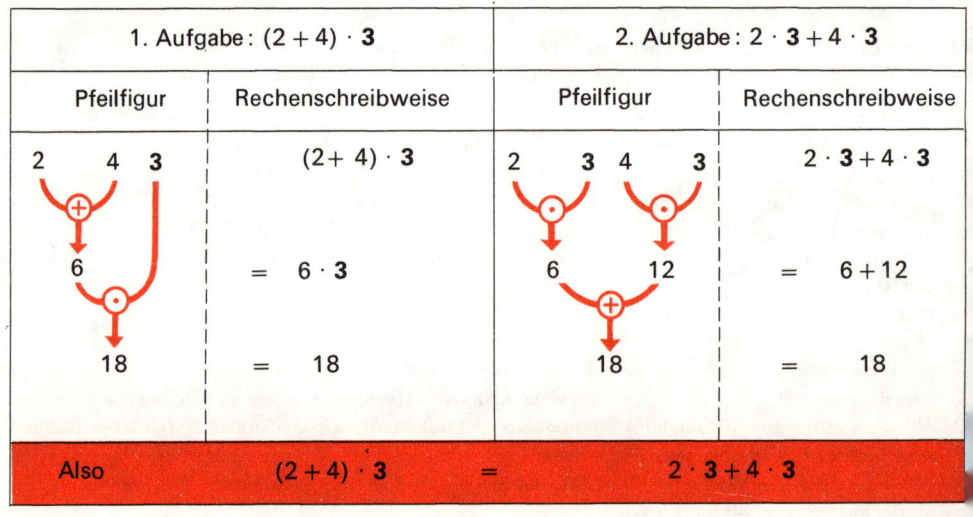

1. Aufgabe: $(2+4) \cdot 3$		2. Aufgabe: $2 \cdot 3 + 4 \cdot 3$	
Pfeilfigur	Rechenschreibweise	Pfeilfigur	Rechenschreibweise
2 4 3 ⊕ → 6 ⊙ → 18	$(2+4) \cdot 3$ $= 6 \cdot 3$ $= 18$	2 3 4 3 ⊙ ⊙ 6 12 ⊕ → 18	$2 \cdot 3 + 4 \cdot 3$ $= 6 + 12$ $= 18$
Also	$(2+4) \cdot 3$	$=$	$2 \cdot 3 + 4 \cdot 3$

Bei der 1. Aufgabe wurde die in der Klammer stehende Summe zuerst berechnet und der Summenwert mit 3 multipliziert.
Bei der 2. Aufgabe haben wir zuerst jeden der vorigen Summanden 2 und 4 mit der Zahl 3 multipliziert und dann die entstandenen Teilprodukte 6 und 12 addiert.
Bei beiden Aufgaben erhielten wir dasselbe Endergebnis.

11.3 Distributivgesetz (D). Allgemein gilt:

Man kann eine Summe mit einer natürlichen Zahl multiplizieren, indem man jeden Summanden mit der Zahl multipliziert und die entstehenden Teilprodukte addiert

$$(\square + \triangle) \cdot \bigcirc = \square \cdot \bigcirc + \triangle \cdot \bigcirc$$

Beispiele: a) $(6 + 5) \cdot 7 = 6 \cdot 7 + 5 \cdot 7$
Die natürliche Zahl 7 „verteilt" sich auf zwei Teilprodukte. Diese „Verteilung" (lateinisch „Distribution") gab den Anlaß für den Namen „Distributivgesetz".
b) $(6 + 5 + 3) \cdot 8 = 6 \cdot 8 + 5 \cdot 8 + 3 \cdot 8$

11.4 Das Distributivgesetz ermöglicht es, Multiplikationsaufgaben zu vereinfachen. Wir erhalten mit seiner Hilfe Kurzformen für das Multiplizieren (s. Aufgaben).

11.5 Überschlag. Es ist zweckmäßig, bei größeren Multiplikationsaufgaben noch zusätzlich, außer der genauen Produktberechnung, einen Überschlag durchzuführen. Dadurch lassen sich grobe Rechenfehler erkennen, „Schätzungen" machen usw. Beim Rechnen mit Überschlag benützen wir die Regeln des Auf- und Abrundens, die auf S. 71 genannt sind.

Beispiel: Zu der Multiplikationsaufgabe $324 \cdot 9$ ergibt sich ein Überschlag von $324 \cdot 10 = 3240$.
Wir schreiben dann: $324 \cdot 9 \approx 324 \cdot 10$ oder: $324 \cdot 9 \approx 3240$.
Zeichen $\approx$ wird gelesen: „ungefähr".

Aufgaben mit Lösungen

1. Aufgabe: a) Berechne $(7 + 4 + 8) \cdot 12$! b) Wende auf $(7 + 4 + 8) \cdot 12$ zuerst das Distributivgesetz an und rechne dann möglichst bequem weiter.

Lösung: a) $(7 + 4 + 8) \cdot 12$ b) $(7 + 4 + 8) \cdot 12$
        = $19 \cdot 12$ = $7 \cdot 12 + 4 \cdot 12 + 8 \cdot 12$ D
        =   **228**   = $84 + 48 + 96$
                                                = $(84 + 96) + 48$ K, A
                                                = **228**

2. Aufgabe: Berechne $324 \cdot 9$ unter Anwendung des Distributivgesetzes. Verkürze dann den Rechengang immer mehr!

Lösung: a)   ausführlich: b)   kürzer:

        $\overline{324 \cdot 9}$ $\overline{324 \cdot 9}$

= $(300 + 20 + 4) \cdot 9$ 36
= $300 \cdot 9 + 20 \cdot 9 + 4 \cdot 9$ D   180
= $2700 \,+\, 180 \,+\, 36$ + 2700
                                                   1
= **2916**   **2916**

Die 3 Teilprodukte $300 \cdot 9$, $20 \cdot 9$ und $4 \cdot 9$ Die 3 Teilprodukte werden im Kopf berechnet,
werden ausführlich angeschrieben und waage-   untereinander aufgeschrieben und addiert.
recht addiert.

c) noch kürzer:

                $\overline{324 \cdot 9}$
                2 3   Muster 1
              2916

K 4

Jetzt werden die 3 Teilprodukte im Kopf berechnet und im Kopf addiert. Geschrieben werden nur noch die Ziffern des Produkts und die Überträge, die beim Addieren der Teilprodukte entstehen.

Beachte: 1) Rechne von rechts nach links!
2) Benütze das Muster 1 immer dann, wenn ein Faktor eine einstellige Zahl oder eine Potenz von 10 ist!

3. Aufgabe: Berechne 516 · 347 unter Anwendung des Distributivgesetzes und mit Hilfe von Muster 1 Verkürze dann den Rechengang! Mache einen Überschlag!

Lösung: a) ausführlich: 516 · 347   b) kürzer: 516 · 347

$$= 516 \cdot (300 + 40 + 7)$$
$$= 516 \cdot 300 + 516 \cdot 40 + 516 \cdot 7 \quad D$$
$$= 154\,800 + 20\,640 + 3612$$

$$= \mathbf{179\,052}$$

b)
```
    154 800
     20 640
   +   3 612
   ─────────
    179 052
```

Die 3 Teilprodukte wurden nach Muster 1 berechnet und waagerecht addiert.

Die 3 Teilprodukte wurden nach Muster 1 berechnet und senkrecht addiert.

c) noch kürzer:

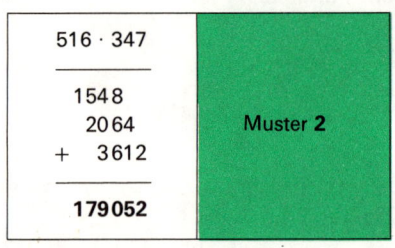

```
    516 · 347
    ─────────
       1548
       2064
   +   3612
   ─────────
     179 052
```

Muster 2

d) **Überschlag:** $516 \approx 500$, $347 \approx 350$.
   also: $516 \cdot 347 \approx 500 \cdot 350$
          $516 \cdot 347 \approx \mathbf{175\,000}$.

4. Aufgabe: Multipliziere nach Muster 2 folgende, im Zweiersystem geschriebene Zahlen: 1101 und 11. Mache die Probe im Zehnersystem!

Lösung:

```
   1101 · 11
   ─────────
     1101
      1101
   ─────────
    100111
```

Probe: 13 · 3
           39

Beachte: Das „Kleine Einmaleins" im Zweiersystem heißt:
$0 \cdot 0 = 0$ $1 \cdot 0 = 0$
$0 \cdot 1 = 0$ $1 \cdot 1 = 1$

5. Aufgabe: Schreibe die folgenden Zahlen als „Potenzsummen". Basis der Potenzen soll jeweils Basis des Stellenwertsystems sein:

a) 2400   b) 1100   c) $\overline{1}\overline{2}\overline{0}\overline{0}$

Lösung: a) $2400 = 2 \cdot 10^3 + 4 \cdot 10^2$
b) $1100 = 1 \cdot 2^3 + 1 \cdot 2^2$
c) $\overline{1}\overline{2}\overline{0}\overline{0} = 1 \cdot 3^3 + 2 \cdot 3^2$

Grundübungen

1) Berechne (mit Hilfe des Distributivgesetzes) je auf zwei Arten und stelle jeden Rechengang in a) und b) als Pfeilfigur dar (vgl. 11.2):
   a) $(27 + 6) \cdot 6$ b) $(39 + 5) \cdot 8$ c) $(64 + 3 + 8) \cdot 12$ d) $(803 + 37) \cdot 7$
   e) $23 \cdot 6 + 7 \cdot 6$ f) $(412 + 28) \cdot 10$ g) $(3140 + 10) \cdot 100$ h) $(3412 + 823) \cdot 12$
   i) $56 \cdot 7 + 64 \cdot 7$ k) $44 \cdot 13 + 6 \cdot 13$ l) $43 \cdot 9 + 17 \cdot 9$ m) $9 \cdot 37 + 37 \cdot 18$

2) Multipliziere schriftlich nach Muster 1 (S. 47):
   a) 68, 212, 364, 415, 523, 637, 743, 812, 977, 198 mit 2, 40,
   b) 145, 673, 714, 498, 676, 938, 548, 3422, 7653, 9022 mit 3, 60,
   c) 423, 805, 299, 746, 689, 316, 941, 4655, 3907, 7463 mit 70, 80.

3) Multipliziere schriftlich nach Muster 2 (S. 48); mache einen Überschlag:
   a) $39 \cdot 65$, $380 \cdot 408$, $954 \cdot 7050$, $5897 \cdot 46098$,
   b) $3850 \cdot 6347$, $2017 \cdot 8503$, $8695 \cdot 7009$, $15457 \cdot 31006$,
   c) $11 \cdot 10$, $1011 \cdot 11$, $10000 \cdot 110$, $1100 \cdot 101$, $1001 \cdot 111$, $1101 \cdot 110$,
   d) $10101 \cdot 101$, $10011 \cdot 1011$, $1101 \cdot 1101$, $11 \cdot 11$, $11 \cdot 111$, $111 \cdot 111$
   e) $57 \cdot 3684$, $101 \cdot 101$, $11 \cdot 101$, $734 \cdot 63156$.

Weitere Übungen

4) Berechne:
   a) 35^2 b) 892^2 c) 85^3 d) $24^3 \cdot 10^3$ e) $4^5 \cdot 5^4$
   f) 25^4 g) $64 \cdot 12 \cdot 86$ h) $390 \cdot 190 \cdot 540$ i) $8 \cdot 2^5 \cdot 7^2$ k) $9 \cdot 3^3 \cdot 2^3$

K 4

5) Multipliziere die Summe der Zahlen 367, 278 und 578 (2345 und 1249) mit 1456 (965).

6) Addiere zu dem Produkt der Zahlen 367 und 278 (88 und 24, 97 und 480) das Produkt der Zahlen 348 und 279 (44 und 38, 66 und 77).

7) Multipliziere drei verschiedene dreistellige Zahlen zuerst mit 7, das Produkt mit 11, dieses Produkt noch mit 13. Welche Merkwürdigkeit ergibt sich jedesmal? Warum?

8) Berechne die folgenden Produkte wie in der 2. Aufgabe (S. 47) bzw. der 3. Aufgabe (S. 48) ausführlich:
   a) $612 \cdot 3$ b) $8123 \cdot 5$ c) $2712 \cdot 4$ d) $3140 \cdot 6$ e) $44 \cdot 28$

9) Schreibe die folgenden Zahlen als Potenzsumme (Basis der Potenzen soll die Basis des jeweiligen Stellenwertsystems sein):
   a) 1300; 2900; 13000; 13400; 37900; 42800
   b) 100; 1100; 10100; 110100; 11100; 1110100
   c) $\overline{1200}$; $\overline{2100}$; $\overline{12200}$; $\overline{10200}$; $\overline{22100}$

10) Schreibe die Zahlen von Aufgabe 9 als Produkt einer natürlichen Zahl und einer Potenz.

2 Terme

Jetzt können wir zeigen, was wir gelernt haben! Die **Terme** stellen uns „zusammengesetzte Rechenaufgaben"!

1 Term. Zusammenstellungen von Zahlen und Rechenzeichen, bei denen auch Klammern vorkommen können, nennen wir **Terme**. Eine Zahl allein ist ebenfalls ein Term.
Beispiele von Termen: 3; $(3 + 5) \cdot 9$; $3 + 5 \cdot 9$; $3 + (5 \cdot 9)$; $3 + 6$; 3^6.

12.2 =, >, < sind keine Rechenzeichen und können daher in einem Term nicht vorkommen.

12.3 Klammern. Die Reihenfolge der Verknüpfungen in einem Term wird durch Klammern festgelegt. **Es muß zuerst der Klammerinhalt berechnet werden.**
Beispiele:

a) $(3+5) \cdot 9$	b) $3 + (5 \cdot 9)$	c) $(3+5) \cdot (2+3)$	d) $(3 \cdot 5) + (2 \cdot 3)$
$= 8 \cdot 9$	$= 3 + 45$	$= 8 \cdot 5$	$= 15 + 6$
$= 72$	$= 48$	$= 40$	$= 21$

12.4 Doppelklammern. Kommt innerhalb einer Klammer wieder eine Klammer vor, so ist **zuerst der Inhalt der inneren Klammer** zu berechnen.
Beispiel: $[2 + (6 \cdot 3)] \cdot 4$
$= [2 + 18\ ] \cdot 4$
$= 20 \cdot 4$
$= 80$

12.5 „Vorfahrtsregel". Um Klammern zu sparen, vereinbaren wir:

Klammern um Produkte werden fortgelassen.

Somit können wir statt $5 + (5 \cdot 9)$ auch $5 + 5 \cdot 9$ schreiben. Dieses Weglassen der Klammer ändert aber nichts an der Reihenfolge der Berechnung: Die Multiplikation $5 \cdot 9$ kommt vor der Addition!

Daher können wir unsere Vereinbarung auch so ausdrücken:

Die Multiplikation kommt vor der Addition, sofern Klammern nichts anderes vorschreiben.

Beispiele:

a) $2 + 3 \cdot 4$	b) $(2+3) \cdot 4$	c) $2 + 3^4$
$= 2 + 12$	$= 5 \cdot 4$	$= 2 + 81$
$= 14$	$= 20$	$= 83$

12.6 Art des Terms. Unsere Vereinbarungen erlauben es, in jedem Term die letzte durchzuführende Rechenart zu bestimmen. Nach ihr wird die **Art** des Terms benannt.
Beispiele:

a) Term: $(3+5) \cdot 9$	b) Term: $3 + 5 \cdot 9$	c) Term: 2^4
Art: Produkt	Art: Summe	Art: Potenz (Produkt)

12.7 Wert des Terms. Läßt sich ein Term in eine natürliche Zahl umformen, so heißt die **Wert** des Terms.
Beispiele:

a) Term: $(3+5) \cdot 9$	b) Term: $3 + 5 \cdot 9$	c) Term: 2^4
Wert: 72	Wert: 48	Wert: 16

Aufgaben mit Lösungen

1. Aufgabe: Gegeben ist der Term 6 · 39 + 84
a) Bestimme seine Art und seinen Wert.
b) Gib seine Bestandteile an und beschreibe ihn in Worten.

Lösung: a) Term: 6 · 39 + 84
  Art: Summe
  Wert: 6 · 39 + 84
    = 234 + 84
    = **318**

b) Bestandteile des Terms:
Das Produkt 6 · 39 ist ein Summand des Terms, ebenso die Zahl 84.
Termbeschreibung in Worten:
Der Term ist die Summe der Zahl 84 und des Produkts 6 · 39.

2. Aufgabe: Gegeben ist der Term (54 · 76 + 63) · 87.
Bestimme Art, Wert und Bestandteile des Terms!

Lösung: Term: (54 · 76 + 63) · 87
  Art: Produkt
  Wert: (54 · 76 + 63) · 87
    = (4104 + 63) · 87
    =   4167   · 87
    =   **362529**

Nebenrechnungen:

54 · 76	4167 · 87
378	33336
324	29169
4104	**362529**

Bestandteile: Die Summe (54 · 76 + 63) ist ein Faktor des Terms, ebenso die Zahl 87.

3. Aufgabe: Multipliziere die Summe der Zahlen 27 und 33 mit 8.
Lösung: 1) Wir schreiben die Aufgabe als Term und berechnen seinen Wert:
  (27 + 33) · 8
 =   60 · 8
 =   **480**

2) Antwort: Das Ergebnis der Multiplikation ist 480.

K 5

rundübungen

Bestimme bei den folgenden Termen jeweils Art und Wert:
a) 23 · 5 + 36 · 4 b) 23 · (5 + 36 · 4) c) (23 · 5 + 36) · 4 d) 23 · (5 + 36) · 4
e) 4 · 36 + 5 · 23 f) (23 + 5) · (36 + 4) g) 45 · 67 + 63 · 78 h) 45 · (67 + 63) · 78
i) 45 · (67 + 63 · 78) k) (45 · 67 + 63) · 78

Bestimme bei den folgenden Termen je Art, Wert, Bestandteile und gib eine Termbeschreibung in Worten:
a) (953 + 84) · 19 b) (951 + 17 + 48) · 23 c) 951 + 17 + 48 · 23
d) (951 + 17) · 48 + 23 e) (951 + 17) · (23 + 48) f) 213 · 12 + 9
g) 9 · (213 + 12) h) 213 · 9 + 1200 i) (312 + 81) · (8 + 22)
k) (443 + 21) · 100 l) 443 + 21 · 100 m) $2^3 + 3^2 + 4$

Bestimme zu jeder der folgenden Aufgaben einen Term und seinen Wert:
a) Berechne das 42fache der Zahl 347.
b) Addiere zum Produkt der Zahlen 12 und 13 die Zahl 48.

c) Multipliziere die Summe der Zahlen 12 und 13 mit 48.
d) Addiere zu 12 das Produkt der Zahlen 13 und 48.
e) Multipliziere die Summe der Zahlen 16, 17 und 18 mit der Summe der Zahlen 21, 22 und 23.

Weitere Übungen

4) Addiere zur Potenz 27^2 die Potenz 39^2.
5) Multipliziere die Zahl 23 900 mit der Summe der Zahlen 930, 457 und 343.
6) Um wieviel wird der Wert des Produktes der Zahlen 880 und 59 größer, wenn jeder Faktor um 5 vergrößert wird?
7) Ein Elektromotor leistet pro Stunde 3215 Watt. Der Motor läuft im Monat 115 Stunden. Wieviel „Wattstunden" werden im Monat verbraucht?
8) Der Puls eines Erwachsenen schlägt in der Minute etwa 75 mal. Wie oft schlägt der Puls in a) einem Tag b) einer Woche, c) einem Monat, d) einem Jahr?
9) Ein Arbeiter hat einen Stundenlohn von 8,50 DM. Wieviel verdient er in einer Woche (einem Monat), wenn er 40 Stunden in der Woche arbeitet?
10) Eine Fabrik beschäftigt 3435 Arbeiter. Ein Arbeiter verdient in der Woche durchschnittlich 210 DM. Wieviel DM Lohn muß die Fabrik jeden Monat auszahlen?
11) Ein Angestellter zahlt jährlich 1 200 DM auf einen Bausparvertrag ein. Der Staat schenkt ihm dafür jedes Jahr 400 DM Prämie. Nach wieviel Jahren hat er 24 000 DM Guthaben?
12) Fülle die Lücken richtig mit Ziffern: a) . . . . · 367   b) . . . · 538
        . . . .
          2202
        13041   . . . .
        . . . .

13 Von Leerstellen, Variablen und Termen

Wir fügen jetzt in Terme noch **Leerstellen** ein und stellen sie bildlich dar in der Form von „Flußdiagrammen". **Ein** Term kann nun **mehrere** Werte besitzen!

13.1 Variable. In manchen Aufgaben sind uns sogenannte „Leerstellen" begegnet, besonders in 5.4.
Die Leerstellen waren dort angedeutet durch leere Kästchen verschiedener Form, in die man natürliche Zahlen einsetzen konnte.
Zur Bezeichnung von Leerstellen verwenden wir außer leeren Kästchen jetzt auch kleine lateinische Buchstaben, z. B. a, b, c, . . . x, y, z. Diese Bezeichnungen nennen wir **„Variable"** (deutsch: **„Veränderliche"**); damit wollen wir sagen, daß sich die Einsetzungen in einer Leerstelle verändern können.

13.2 Einsetzbereich. Ist nichts Besonderes gesagt, so dürfen wir für die auftretenden Variablen alle natürlichen Zahlen setzen. In diesen Fällen sagen wir: „Der Einsetzbereich der Variablen ist IN".

In allen anderen Fällen müssen wir genau angeben, welche Zahlen für die Variablen eingesetzt werden dürfen: Wir schreiben dann jeweils die Menge aller Einsetzzahlen an und nennen diese Menge den „Einsetzbereich der Variablen".

Beispiel: „Die Variable a hat den Einsetzbereich {1, 3, 7}" heißt: „Für a darf 1, 3 oder 7 eingesetzt werden." Überall, wo a steht, muß aber dann dieselbe Zahl eingesetzt werden.

13.3 Term. Zusammenstellungen von Zahlen, Rechenzeichen, Klammern und Variablen nennen wir (wie in Lernabschnitt 12) **Terme**. Für diese Terme sollen alle Vereinbarungen von Lernabschnitt 12 gelten.

Beispiel: Term: $a + 2$; Einsetzbereich für a: {5, 9}
  Art: Summe
  Werte: 1. Wert: $5 + 2 =$ **7**, 2. Wert: $9 + 2 =$ **11**.

Beachte: Terme mit Variablen können mehrere (verschiedene oder gleiche) Werte haben.

13.4 Flußdiagramm. Wenn wir den Wert (oder die Werte) eines Terms berechnen, dann halten wir uns an die vorgeschriebene Reihenfolge der Verknüpfungen. Diesen Rechenablauf kann man mit Hilfe von gekoppelten Pfeilfiguren (s. Lernabschnitt 5) besonders gut darstellen. Dabei schreibt man in die Pfeile hinein, welche Verknüpfung durchgeführt wird. Die entstehende Gesamtfigur nennt man **„Flußdiagramm des Terms"**.

Beispiel: Term: $a \cdot 2 + 3$

Flußdiagramm des Terms: a →[·2]→ a·2 →[+3]→ a·2+3

Aufgaben mit Lösungen

1. Aufgabe: Gegeben ist der Term $(a \cdot 3 + 4) \cdot 2$. Der Einsetzbereich für die Variable a ist {12, 8}.
a) Zeichne das Flußdiagramm des Terms!
b) Bestimme Art und Werte des Terms!

Lösung: a) Flußdiagramm des Terms: a →[·3]→ a·3 →[+4]→ (a·3+4) →[·2]→ (a·3+4)·2

b) Art: Produkt
  Werte: 1) 12 →[·3]→ 36 →[+4]→ 40 →[·2]→ **80**
     2) 8 →[·3]→ 24 →[+4]→ 28 →[·2]→ **56**

2. Aufgabe: Gegeben ist der Term $(b + 2) \cdot (b + 3)$. Der Einsetzbereich für die Variable b ist {4, 5, 6}.
a) Zeichne das Flußdiagramm des Terms!
b) Bestimme Art und Werte des Terms!

Lösung: a) Flußdiagramm: b →[+2]→ (b+2) →[·(b+3)]→ (b+2)·(b+3)
              b →[+3]→ (b+3) ┘

b) Art: Produkt
  Werte: 1. Wert: $(4+2) \cdot (4+3)$ 2. Wert: $(5+2) \cdot (5+3)$ 3. Wert: $(6+2) \cdot (6+3)$
    $= 6 \cdot 7$ $= 7 \cdot 8$ $= 8 \cdot 9$
    $=$ **42** $=$ **56** $=$ **72**

K 5

3. Aufgabe: Gegeben ist der Term $(a + 2) \cdot (b + 3)$. Der Einsetzbereich für die Variable a ist $\{2, 3\}$, und für die Variable b ist er $\{3\}$.
  a) Zeichne das Flußdiagramm des Terms!
  b) Bestimme Art und Werte des Terms!

Lösung: a) Flußdiagramm des Terms:

  a $\boxed{+2}$ (a + 2) $\boxed{\cdot (b+3)}$ (a + 2) · (b + 3)

  b $\boxed{+3}$ (b + 3)

b) Art : Produkt
Werte : 1. Wert : | 2. Wert :
      (2 + 2) · (3 + 3) | (3 + 2) · (3 + 3)
   =   4   ·   6 | =   5   ·   6
   =   24 | =   30

Grundübungen

1) Zu jedem der folgenden Terme ist ein Einsetzbereich für die Variable angegeben. Zeichne jedesmal ein Flußdiagramm des Terms, bestimme dann seine Art und seine Werte:
  a) $(a + 2) \cdot 3$ \{6, 34\}
  b) $(2 \cdot b + 4) \cdot 12$ \{28, 217, 1410\}
  c) $13 \cdot a + 143$ \{1 000, 27, 34\}
  d) $64 \cdot y$ \{2, 4, 6\}
  e) $2531 \cdot z$ \{30, 40, 50\}
  f) $168 \cdot c + 13 \cdot 14$ \{1, 3, 5\}
  g) $168 \cdot (c + 13 \cdot 14)$ \{2, 4, 6\}
  h) $(168 \cdot c + 13) \cdot 14$ \{1, 2, 3\}
  i) $168 \cdot (c + 13) \cdot 14$ \{5, 6, 7\}
  k) $c \cdot 168 + 13 \cdot 14$ \{3, 4, 5\}
  l) $y + 2^3$ \{21, 31, 41\}
  m) $2 \cdot y + 3$ \{3, 6, 9\}

2) Jeder der folgenden Terme enthält mehrmals **dieselbe** Variable. Zu jedem Term ist ein Einsetzbereich für die Variable angegeben. Zeichne ein Flußdiagramm, bestimme Art und Werte des Terms:
  a) $(a + 1) \cdot (a + 2)$ \{13, 14, 15\}
  b) $a \cdot (a + 1)$ \{22, 23, 24\}
  c) $(a + 1) \cdot (a + 1)$ \{41, 42, 46\}
  d) $a \cdot a + 2$ \{9, 12, 15, 20\}
  e) a^2 \{2, 7, 10\}
  f) $6 \cdot a + a^2$ \{2, 4, 6, 8\}
  g) $6 \cdot (a + a^2)$ \{1, 3, 5, 7\}
  h) $(6 + a) \cdot a^2$ \{5, 7, 9, 11, 13\}

Weitere Übungen

3) Schreibe die folgenden Aufgaben als Terme und zeichne ihre Flußdiagramme:
  a) Multipliziere a mit 4 und addiere b.
  b) Addiere zu b die Zahl 6 und multipliziere die Summe mit a.
  c) Multipliziere a mit 9 und b mit 12. Addiere die Produkte.
  d) Addiere zu a die Zahl 9 und zu b die Zahl 14. Multipliziere die Summen.

4) Jeder der folgenden Terme enthält **verschiedene** Variable. Zu jeder Variablen ist ein Einsetzbereich angegeben. Zeichne ein Flußdiagramm, bestimme Art und Werte des Terms:
  a) $x + y$
    für x : \{8, 10, 12\}
    für y : \{10\}
  b) $x + 2 \cdot y$
    für x : \{82, 84, 86\}
    für y : \{84\}
  c) $2 \cdot x + 3 \cdot y$
    für x : \{7, 11, 13, 19\}
    für y : \{23\}
  d) $(x + 2) \cdot (y + 3)$
    für x : \{1, 2, 3\}
    für y : \{4, 5\}
  e) $(x + 3) \cdot y$
    für x : \{6, 13\}
    für y : \{6, 13\}
  f) $(x + y) \cdot 8$
    für x : \{28, 33, 45\}
    für y : \{45, 57\}
  g) $8 \cdot x + 8 \cdot y$
    für x : \{28, 33, 45\}
    für y : \{45, 57\}
  h) $8 \cdot (x + 8 \cdot y)$
    für x : \{28, 33, 45\}
    für y : \{45, 57\}

Oase 3

I. Wir wenden unsere Kenntnisse an
Einfache Anwendungen

1) Ein Geschäft kauft 75 Kisten Orangen zu 14 DM je Kiste. Da die Orangen verschiedene Qualität besitzen, sortiert der Kaufmann sie nach ihrer Güte. Er verkauft dann 35 Kisten zu je 18 DM, 25 Kisten zu je 17 DM und die restlichen zu je 16 DM.
   a) Wieviel DM mußte das Geschäft für die Orangen zahlen?
   b) Wieviel DM nahm das Geschäft beim Orangenverkauf ein?
   c) Wieviel DM Gewinn hatte das Geschäft, wenn insgesamt noch 120 DM Unkosten entstanden?

2) Eine Einzelfahrt am Skilift kostet 1 DM, ein 10-Fahrten-Abonnement 6 DM.
   a) Um wieviel ist eine Abonnementfahrt billiger als eine Einzelfahrt?
   b) Jemand verliert nach 7 Fahrten die Zehnerkarte. Hat er trotzdem eine Verbilligung gegenüber den Einzelfahrten? Wieviel DM?

3) Eine Hausfrau erhält monatlich 1000 DM Haushaltgeld. Davon gibt sie aus:

im Januar	850 DM	im Juli	842 DM
im Februar	730 DM	im August	875 DM
im März	840 DM	im September	835 DM
im April	820 DM	im Oktober	823 DM
im Mai	825 DM	im November	860 DM
im Juni	810 DM	im Dezember	810 DM

Vom ersparten Geld kauft sie im ganzen Jahr für 800 DM Kinderkleidung und verwendet noch 750 DM für Nebenausgaben.
   a) Wieviel verbrauchte sie in jedem Vierteljahr (Halbjahr) für den Haushalt?
   b) Wieviel DM hat sie am Jahresende erspart?

4) Eine Familie mit 5 Personen (Eltern und 3 Kinder) mietet für den Monat August eine Ferienwohnung. Jede erwachsene Person muß täglich 12 DM, jedes Kind 2 DM bezahlen. Die Kurtaxe kostet im Tag für die Wohnung 1,50 DM. Neben 750 DM Lebenshaltungskosten geben sie noch 243 DM für Ausflugsfahrten usw. aus.
   a) Auf wieviel DM kommt die Miete der Ferienwohnung, wenn man die Kurtaxe und 25 DM Reinigungskosten dazurechnet?
   b) Auf wieviel DM kommt der ganze Ferienaufenthalt, wenn man noch 1 200 km Fahrstrecke zu je 25 Pf. dazurechnet?

5) Der Zeppelin ZR III flog am 12. 10. 1924 um 6.45 Uhr von Friedrichshafen ab. Er erreichte am 15. 10. 1924 um 5.40 Uhr New York.
   a) Wieviele Stunden war er unterwegs?
   b) Wieviele Tage und Stunden war er unterwegs?

6) Zeichne die folgenden unvollständigen Flußdiagramme ab und fülle die Lücken richtig aus:

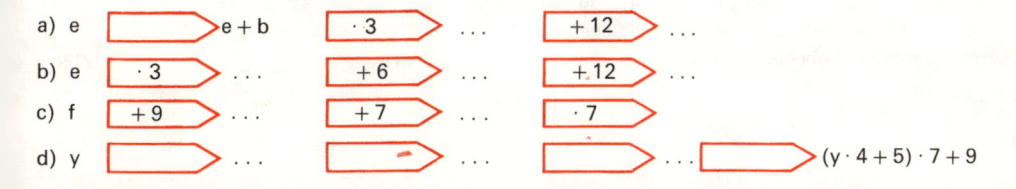

a) e → [   ] → e+b → [·3] → ... → [+12] → ...

b) e → [·3] → ... → [+6] → ... → [+12] → ...

c) f → [+9] → ... → [+7] → ... → [·7]

d) y → [   ] → ... → [   ] → ... → [   ] → (y·4+5)·7+9

Weitere Anwendungen

7) Reihenadditionen wie zum Beispiel $1+2+3+4+5+6+7+8+9+10$ kommen in der Mathematik öfters vor. Kommutativ-, Assoziativ- und Distributivgesetz helfen bei der Summenberechnung:

$\quad 1+2+3+4+5+6+7+8+9+10$
$= (1+10)+(2+9)+(3+8)+(4+7)+(5+6) \quad$ K, A
$= \quad 11 \quad + \quad 11 \quad + \quad 11 \quad + \quad 11 \quad + \quad 11$
$= \quad 5 \cdot 11 \quad\quad\quad\quad\quad\quad\quad\quad\quad\quad$ D
$= \quad \mathbf{55}$

8) Berechne möglichst schnell und einfach:
   a) $1+2+3+4+\ldots\ldots\ldots+20$
   b) $1+2+3+4+\ldots\ldots\ldots\ldots\ldots\ldots+50$
   c) $1+2+3+4+\ldots\ldots\ldots\ldots\ldots\ldots\ldots\ldots\ldots\ldots+100$
   d) $1+2+3+4+\ldots\ldots\ldots\ldots\ldots\ldots\ldots\ldots\ldots+99$
   e) $1+2+3+4+\ldots\ldots\ldots\ldots\ldots\ldots\ldots\ldots\ldots\ldots\ldots\ldots\ldots+1000$

9) Baue die Zahlenpyramide um 10 Zeilen weiter; bilde in jeder Zeile die „Zeilensumme". Was ergibt sich dabei?

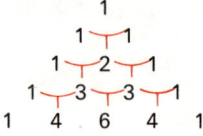

```
              1
            1   1
          1   2   1
        1   3   3   1
      1   4   6   4   1
```

Beachte: Außen steht immer 1; die inneren Glieder entstehen durch Addition des über ihnen stehenden Zahlenpaares.

10) Bilde alle Teilmengen von $\{6, 7\}$ ($\{6, 7, 8\}$). Wie viele Mengen erhält man, wenn die ursprüngliche Menge und die leere Menge mitgezählt werden?

11) Auf einem Rasenspielplatz sind folgende Marken ausgelegt:

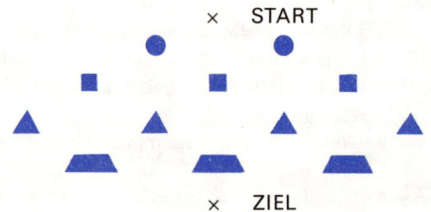

× START

(● ●)
(■ ■ ■)
(▲ ▲ ▲ ▲)
(▱ ▱ ▱ ▱)

× ZIEL

Man soll so von START zu ZIEL laufen, daß man von jeder Markensorte genau eine Marke berührt.
   a) Was ist der kürzeste (längste) Weg?
   b) Wie viele verschiedene Wege erlaubt die Spielregel?
Zeichne zur Lösung das Spielfeld ab und trage die Wege ein.

II. Basteln und Spielen: Das „Verkehrsampel-Spiel"

1) **Ein einfaches Spiel**

Wir zeichnen ein Straßenspielfeld mit 2 Ampeln. Für jede Ampel schneiden wir eine rote Scheibe (r) und eine grüne Scheibe (g) aus.

```
START                              ZIEL
          □              □
       Ampel 1        Ampel 2
```

Nun denken wir uns ein Auto, das von START zu ZIEL kommen will. **Wir sollen das verhindern.** Wie? Nun, wir können auf Ampel 1 und 2 „r" legen oder auf Ampel 1 „r" und auf Ampel 2 „g" oder auf Ampel 1 „g" und auf Ampel 2 „r".

Das tragen wir in eine **Sperrtabelle** ein:

Ampel 1	Ampel 2
r	r
r	g
g	r

2) Weitere Spielfelder

Zeichne jedes der folgenden Straßenspielfelder ab, schneide für jede Ampel eine rote und eine grüne Scheibe aus und bestimme **alle** Belegungen, die das Erreichen des Ziels verhindern. Lege eine Sperrtabelle an.

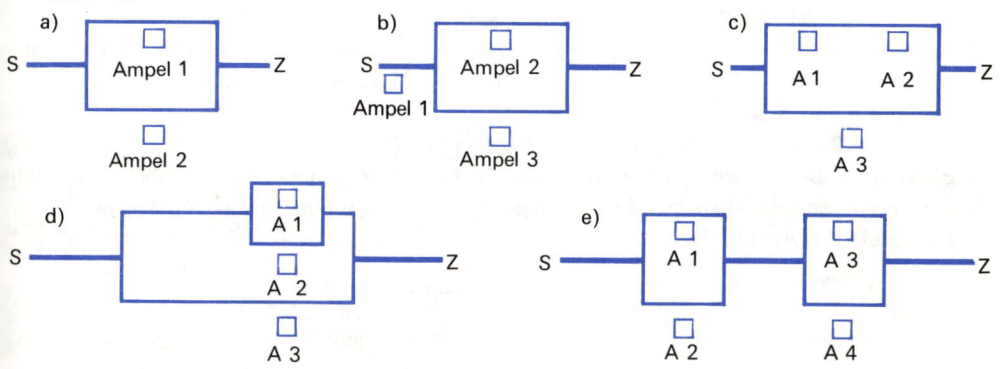

a) b) c)

d) e)

3) Spielfelder mit gekoppelten Ampeln

In großen Straßennetzen kommen Ampeln vor, die gleich oder entgegengesetzt geschaltet sind. Sind bei den folgenden Spielfeldern zwei Ampeln durch - - - - verbunden, so sind sie gleich geschaltet; sind sie durch ～～ verbunden, so sind sie entgegengesetzt geschaltet.
Spiele mit diesen Feldern wie oben:

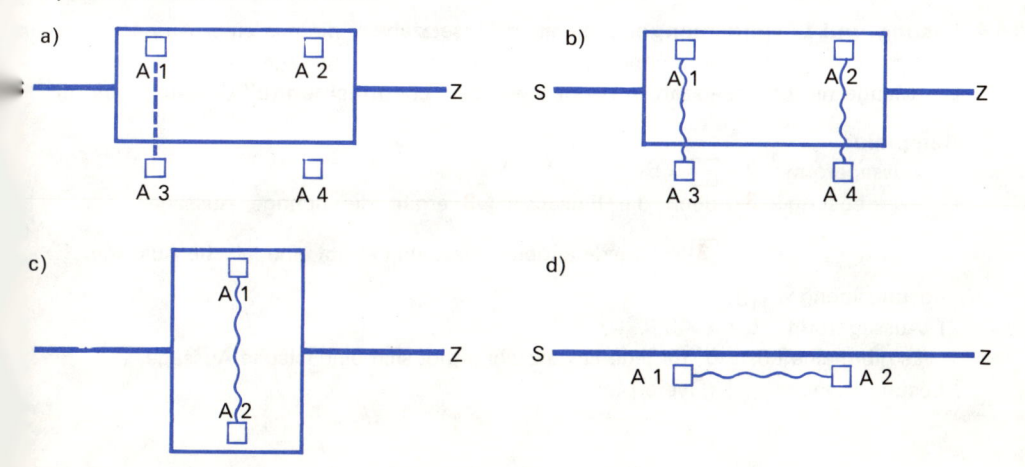

a) b)

c) d)

57

14 Wir bilden Aussagen und Aussageformen

Aus Termen bauen wir jetzt neue Dinge: **Aussagen** und **Aussageformen**. Aussageformen sind eigentlich „Suchaufgaben", die manchmal eine, manchmal mehrere, manchmal keine **Lösung** besitzen.

14.1 Aussage. Setzen wir zwischen zwei Terme, die keine Variablen enthalten, eines der Zeichen =, <, >, so entstehen **Aussagen**. Diese Aussagen sind entweder **richtig** oder **falsch**.
Beispiele:
1) $3 + 2 = 1 + 4$ richtige Aussage
2) $3 + 2 < 1$ falsche Aussage
3) $3 + 2 > 1$ richtige Aussage

14.2 Aussageform. Setzen wir zwischen zwei Terme, von denen mindestens einer eine Variable enthält, eines der Zeichen =, <, >, so entstehen **Aussageformen**.
Beispiele von Aussageformen:
1) $3 \cdot a = 2 + 1$ 2) $4 \cdot \Box = 5$ 3) $2 + \Box = (4 + 6) \cdot 3$

14.3 Einsetzen. Setzen wir in einer Aussageform für die vorkommenden Variablen natürliche Zahlen ein, so entstehen aus den Aussageformen richtige oder falsche Aussagen.
Beispiel: 1) Aussageform: $2 + \Box = 5$

2) Einige Einsetzungen für die Variable:

$2 + \boxed{1} = 5$ falsche Aussage

$2 + \boxed{2} = 5$ falsche Aussage

$2 + \boxed{3} = 5$ richtige Aussage

$2 + \boxed{4} = 5$ falsche Aussage

$2 + \boxed{5} = 5$ falsche Aussage

14.4 Lösung und Lösungsmenge. Diejenigen Einsetzzahlen, die aus einer Aussageform eine richtige Aussage machen, nennen wir die **Lösungen** der Aussageform.
Die Menge dieser Einsetzzahlen nennen wir die „**Lösungsmenge**" der Aussageform.

Beispiele:
1) Aussageform: $2 + \Box = 5$
    Lösung: **3**, denn die Einsetzzahl **3** ergibt die richtige Aussage:

$2 + \boxed{3} = 5$; jede andere Einsetzung ergibt eine falsche Aussage.

Lösungsmenge: $\{3\}$
2) Aussageform: $5 + x = 3$
    Es gibt keine Lösung; für jede Einsetzzahl ergibt sich eine falsche Aussage.
    Lösungsmenge: $\{\ \}$ („leere Menge")

Aufgaben mit Lösungen

1. Aufgabe: Welche der folgenden Gebilde sind Aussageformen, welche sind richtige, welche falsche Aussagen, welche sind Terme:
$3 \cdot 6 + 5$; $3 \cdot 6 + 5 > 120$; $3 \cdot 6 + 5 < 15$; $3 \cdot 6 = 10 + 8$; $3 \cdot 6 + 5 = 23$; $4 \cdot x = 8$; $5 \cdot \square = 3$; 4
Lösung: a) Aussageformen sind: $4 \cdot x = 8$; $5 \cdot \square = 3$.
  b) Richtige Aussagen sind: $3 \cdot 6 + 5 = 23$; $3 \cdot 6 = 10 + 8$.
  c) Falsche Aussagen sind: $3 \cdot 6 + 5 < 15$; $3 \cdot 6 + 5 > 120$.
  d) Terme sind: 4; $3 \cdot 6 + 5$.

2. Aufgabe: Bestimme die Lösung(en) der folgenden Aussageformen: a) $27 + x = 133$ b) $7 + x > 10$
Antwort: a) Die Lösung ist 106. b) Die Lösungen sind 4, 5, 6, …
  $27 + 106 = 133$ ist eine richtige Aussage. Alle diese Einsetzzahlen ergeben richtige Aussagen.

3. Aufgabe: Bestimme die Lösungsmenge der Aussageform $7 + x < 13$.
Antwort: Die Lösungsmenge ist {1, 2, 3, 4, 5}. Nur diese Einsetzzahlen ergeben richtige Aussagen.

4. Aufgabe: Welche Zahl muß man zum Produkt $8 \cdot 7$ addieren, um 65 zu erhalten? (Probe!)
Lösung: Die gesuchte Zahl ist die Lösung der folgenden Aussageform: $8 \cdot 7 + x = 65$ oder $56 + x = 65$. Die gesuchte Zahl heißt 9.
Probe: $8 \cdot 7 + 9 = 65$ ist eine richtige Aussage.

5. Aufgabe: Welche Zahlen darf man zum Produkt $8 \cdot 7$ addieren, um höchstens 65 zu erhalten?
Lösung: Die gesuchten Zahlen sind die Lösungen der Aussageform: $8 \cdot 7 + x < 66$ oder $56 + x < 66$. Die gesuchten Zahlen sind 1, 2, 3, 4, 5, 6, 7, 8, 9. Nur diese Einsetzzahlen ergeben richtige Aussagen.

Grundübungen

Welche der folgenden Gebilde sind Aussageformen, welche sind richtige, welche falsche Aussagen, welche sind Terme:
$26 \cdot \square$, $26 \cdot \square > 3$, $7 \cdot a + 2$, $7 \cdot a = 2$, $39 \cdot (a + 2)$, $2 \cdot a = a + 6$, $7 \cdot 3$, $7 \cdot 3 = 24$, $1 + 1 = 3$, $1 + 1 < 3$, $1 + 1 > 3$, $12 > 6 \cdot x$, $6 \cdot x$, $6 \cdot x + 13$, $6x > 13$, $6x < 13$, $6x + 13 = 7$, $6 \cdot (x + 13)$, $7 \cdot 4 > 21$.

Bestimme die Lösungen der folgenden Aussageformen:
a) $6 + x = 10$ b) $6 + x < 10$ c) $6 + x > 10$ d) $48 + a = 60$ e) $48 + a < 60$
f) $48 + a > 60$ g) $728 + x = 740$ h) $728 + x < 740$ i) $7 \cdot x = 175$ k) $15 \cdot a = 225$
l) $7 \cdot x < 175$ m) $15 \cdot a < 23$ n) $15 \cdot a < 140$ o) $15 \cdot a > 140$ p) $15 \cdot a > 149$
q) $15 \cdot a > 150$ r) $15 \cdot a < 151$ s) $11 \cdot y = 121$ t) $2 \cdot x + 5 = 17$ u) $3 \cdot y + 8 = 20$

Bestimme die Lösungsmengen der folgenden Aussageformen:
a) $37 + x < 83$ b) $86 + y > 21$ c) $y + 29 < 72$ d) $27 + 11 > a$ e) $a + 11 < 27$
f) $123 + x = 39$ g) $123 + x = 390$ h) $390 + x = 123$ i) $390 + x < 123$ k) $390 + x > 123$
l) $8 \cdot x = 48$ m) $8 \cdot x < 48$ n) $45 \cdot x = 180$ o) $25 \cdot x = 625$ p) $x \cdot 9 < 63$
q) $13 \cdot x = 13$ r) $13 \cdot x + 2 = 15$ s) $13 \cdot x + 3 = 16$ t) $13 \cdot x + 3 < 16$ u) $13 \cdot x + 3 > 16$

Weitere Übungen

Welche Zahl muß man zu 631 addieren, um 912 zu erhalten?
Welche Zahl(en) muß man zur Summe von 184 und 753 addieren, um (höchstens) 950 zu erhalten?

K 6

6) Zu welcher Zahl muß die Summe von 2315 und 1906 addiert werden, damit man 3225 erhält?
7) Mit welchen Zahlen muß man 5 multiplizieren, damit man höchstens (weniger als) 85 erhält?
8) Mit welchen Zahlen muß 6 multipliziert werden, damit man mehr als 8 erhält?
9) Eine Zahl wird mit 7 multipliziert, und zum Produkt wird dann 9 addiert. Es ergibt sich 65. Wie heißt die Zahl?
10) Welche Zahlen ergeben, mit 19 multipliziert, weniger als 152?
11) Welche Zahlen ergeben, mit 35 multipliziert, mehr als 105?
12) Welche Zahlen ergeben, mit 27 multipliziert, mehr (gleichviel wie, mindestens, höchstens, weniger als) 135?
13) Welche Zahlen muß man zu 1200 addieren, um mindestens (höchstens) 1209 zu erhalten?

15 Das Subtrahieren natürlicher Zahlen

Die Suche nach der Lösung einer Aussageform wird uns auf die **Subtraktion** führen. Gleichzeitig sehen wir, daß jede Subtraktion durch eine Addition gelöst werden kann – für das praktische Rechnen besonders wichtig! Und außerdem bringt die Subtraktion die **Zahl „Null"** ans Licht!

15.1 Die Aussageform $2 + \square = 5$

hat die einzige Lösung 3:

$2 + \boxed{3} = 5$ ist eine richtige Aussage.

15.2 Subtraktion. Die Bestimmung der einzusetzenden eindeutig bestimmten Zahl (hier: 3) in der obigen Aussageform $2 + \square = 5$ nennen wir **Subtraktion.**

Statt $2 + \boxed{3} = 5$ schreiben wir auch: $5 - 2 = \boxed{3}$

15.3 Bezeichnungen. Bei der Subtraktion werden folgende Bezeichnungen eingeführt:

5	−	2	= 3
Minuend	minus	Subtrahend	Wert der Differenz
Differenz			

15.4 Addition und Subtraktion. Der Abschnitt 15.2. zeigt uns, daß jede Addition als Subtraktion geschrieben werden kann:

Addition	Subtraktion
$3 + \boxed{4} = 7$	$7 - 3 = \boxed{4}$
$\boxed{6} + 2 = 8$	$8 - 2 = \boxed{6}$
$17 + \boxed{16} = 33$	$33 - 17 = \boxed{16}$

Aus der vorhergehenden Tabelle ersehen wir außerdem, daß jede Subtraktion auch als Addition geschrieben werden kann. Dies ist für das praktische Rechnen aus zwei Gründen wichtig:

a) Zu jeder Subtraktionsaufgabe können wir eine **Probe** machen mit Hilfe der entsprechenden Addition.
Beispiel: Aufgabe: Berechne $27 - 13$!

$$\text{Lösung: } 27 - 13 = \boxed{14} \qquad \text{Probe: } 13 + \boxed{14} = 27$$

b) Subtraktionsaufgaben können durch „Hinaufaddieren" oder **„Hinaufzählen"** gelöst werden: Wir überlegen, wieviel man zum Subtrahenden addieren muß, um den Minuenden zu erhalten. Dieser Additionsbetrag ist die Differenz.
Beispiel: $9 - 5 = \ldots$?
Wir rechnen: $5 + 4 = 9$. („Hinaufzählen von 5 auf 9")
Damit wissen wir: $9 - 5 = 4$

5.5 Ist der Minuend größer als der Subtrahend, so ist der Wert der Differenz eine natürliche Zahl. Ist der Minuend kleiner als der Subtrahend oder gleich groß wie der Subtrahend, so gibt es keine Differenz.
Beispiele: 1) $6 - 3 = 3$; die Differenz hat als Wert eine natürliche Zahl.
2) $3 - 6$ und $3 - 3$ kann nicht „berechnet" werden; diese Differenzen haben keinen Wert (im Bereich der natürlichen Zahlen).

5.6 Kommutativgesetz und Assoziativgesetz gelten bei der Subtraktion **nicht.**
Beispiele: 1) Die Aufgabe $6 - 3$ hat ein Ergebnis, $3 - 6$ dagegen nicht.
2) Die Aufgaben $(13 - 4) - 2$ und $13 - (4 - 2)$ haben verschiedene Ergebnisse, nämlich 7 und 11.

5.7 Null. In 15.5 haben wir gesehen, daß eine Differenz, bei der Minuend und Subtrahend gleich sind, keine natürliche Zahl ist. Für solche Differenzen führen wir eine neue Zahl ein, die Zahl „Null" mit dem Schreibzeichen „0".
Beispiele: a) $6 - 6 = 0$ b) $423 - 423 = 0$

5.8 $\mathbb{N}_0$. Bilden wir aus den natürlichen Zahlen und der Zahl 0 eine Menge, so erhalten wir eine neue Zahlenmenge, die wir $\mathbb{N}_0$ nennen:

$\mathbb{N}_0 = \{0, 1, 2, 3, 4, \ldots\}$ $\mathbb{N} \subset \mathbb{N}_0$

K 6

5.9 Rechnen mit der Null. An Beispielen zeigen wir, wie man das Rechnen mit der Null festsetzt:
a) Addition: $2 + 0 = 2$, $23 + 0 = 23$, $0 + 0 = 0$.
In $\mathbb{N}_0$ ist 0 das Neutralelement der Addition (s. 9.4). Die Addition mit 0 verändert die Summe nicht.
b) Multiplikation: $2 \cdot 0 = 0$, $23 \cdot 0 = 0 = 0 \cdot 23$; $0 \cdot 0 = 0$.
Multiplikation mit 0 ergibt immer 0.
Beachte: Wenn nichts Besonderes gesagt wird, legen wir immer die Menge $\mathbb{N}$ und nicht die Menge $\mathbb{N}_0$ zugrunde.

Aufgaben mit Lösungen

1. Aufgabe: Berechne die Differenz 4238 − 2487!
Lösung:

```
1. Art:    4238
         − 2487
           ¹ ¹
           1751
```
Muster 1

sprich: 7 plus **1** gleich 8,
8 plus **5** gleich 13,
5 plus **7** gleich 12,
3 plus **1** gleich 4.

2. Art: 4238 − 2487 = 1751   Muster 2   sprich wie bei der 1. Art!

Gewöhne dich an beide Arten, Differenzen zu berechnen!

2. Aufgabe: Bestimme die Lösung der folgenden Aussageform: 15896 + x = 47408; mache die Probe!
Lösung: 1) Die Aussageform läßt sich folgendermaßen schreiben: 47408 − 15896 = x
oder: 31512 = x
Ergebnis: Die Lösung der Aussageform ist 31512.
2) Probe: 15896 + **31512** = 47408 ist eine wahre Aussage.

3. Aufgabe: Bestimme die Lösungen der folgenden Aussageform: 167 + y < 172
Lösung: Die Aussageform läßt sich folgendermaßen schreiben: y < 172 − 167 oder y < 5
Um eine wahre Aussage zu erhalten, können für die Variable nur folgende Zahlen eingesetzt werden:
1, 2, 3, 4.
Ergebnis: Lösungen der Aussageform sind die Zahlen 1, 2, 3, 4.

4. Aufgabe: Welche Zahl ist um 6807 kleiner als die Summe von 5382 und 8399?
Lösung: Um die gesuchte Zahl zu erhalten, muß von der erwähnten Summe die Zahl 6807 subtrahiert
werden: (5382 + 8399) − 6807 = x
oder: 13781   − 6807 = x
oder: 6974 = x.
Ergebnis: Die gesuchte Zahl ist 6974.

5. Aufgabe: Addiere zur Differenz von 206802 und 186907 so viel, daß 100000 entsteht!
Lösung: Wenn wir für die gesuchte Zahl die Variable z verwenden, ergibt sich folgende Aussageform:
           (206802 − 186907) + z = 100000
oder: 19895   + z = 100000
oder: z = 100000 − 19895.
oder: z = 80105
Ergebnis: Die gesuchte Zahl ist 80105.

6. Aufgabe: Subtrahiere von der (im Zweiersystem geschriebenen) Zahl 1101 die (ebenfalls im Zweiersystem geschriebene) Zahl 11. Mache die Probe im Zehnersystem!

Lösung:
```
   1101        Probe:   13
 −  ₁11              −   3
   ────              ────
   1010                 10
```

Grundübungen

Bilde alle möglichen Differenzen; verwende dabei in a – c) Muster 1, in d – f) Muster 2:

Minuend	Subtrahend
a) 756, 5789, 4236, 34276, 347269	345, 3468, 26098
b) 165, 176, 225, 265, 912,	53, 82, 0
c) 8314, 12315, 9695, 17812, 10040	5622, 6408, 10095
d) 872, 242, 945, 6000, 346	121, 2500, 176
e) 18807, 20595, 15735, 29833	9659, 18204, 6856, 15765
f) 6580, 7620, 3624, 2800	3400, 2200,

Bestimme die Lösungen der folgenden Aussageformen (vgl. 2. und 3. Aufgabe, S. 62):

a) $7 + y = 13$ b) $985 + x = 1000$ c) $10 + y < 13$ d) $10 + y > 13$
e) $x + 1350 = 1500$ f) $x - 1350 = 1500$ g) $650 - y = 225$ h) $650 + y = 225$
i) $650 + y < 670$ k) $650 + y > 670$ l) $650 - y > 225$ m) $650 - y < 225$
n) $720 = 860 + x$ o) $720 = 860 - x$ p) $720 > 860 - x$ q) $720 < 860 - x$

Schreibe die folgende Tabelle ab und fülle die Lücken richtig aus:

Minuend	371	326593	523816	3001		263734	300000	
Subtrahend	69	52297			27318	263734		300000
Differenz			468317	3001	568249		297999	297999

Weitere Übungen

Bilde alle möglichen Differenzen; mache die Probe im Zehnersystem:
11, 1101, 10101, 11011, 1001, 11010 | 10, 100, 101, 1001, 11, 1101

Löse wie die 4. und 5. Aufgabe auf S. 62:
Welche Zahl muß man zu 5890 addieren, um 47200 zu erhalten?
Zu welcher Zahl muß man 3766 addieren, um 10243 zu erhalten?
Von welcher Zahl muß man 2306 subtrahieren, um 12347 zu erhalten?
Welche Zahlen muß man von 630 subtrahieren, um weniger als 12 zu erhalten?
Welche Zahl ist um 573 größer als die Differenz von 830 und 506?
Welche Zahlen kann man zur Summe von 288670 und 710330 addieren, um höchstens 1000000 zu erhalten?
Von welcher Zahl muß man die Summe der Zahlen 4500, 2650 und 3480 subtrahieren, um 0 zu erhalten?
Subtrahiere von der Differenz der Zahlen 80000 und 72000 so viel, daß 7895 entsteht.
Bestimme die Menge aller Zahlen, die mit 0 multipliziert wieder 0 ergeben.
Bestimme die Menge aller Zahlen, die mit 0 multipliziert 6 ergeben.
Ein englischer Student schickte, als er in Geldnot war, seinem Vater folgendes Telegramm:

```
  G I V E
+ M O R E
---------
M O N E Y
```

Dabei sollte jeder Buchstabe eine Ziffer bedeuten, gleiche Buchstaben die gleiche Ziffer. Wieviel Schilling wollte der Sohn haben?

K 6

16 Das Dividieren natürlicher Zahlen

Auf die gleiche Weise wie Addition und Subtraktion lassen sich auch Multiplikation und Division in Zusammenhang bringen! Auch das **Distributivgesetz** erscheint wieder und hilft bei der Division mehrstelliger Zahlen.

16.1 Die Aussageform $\quad 2 \cdot \square = 6$

hat die einzige Lösung $\quad 3$

$\quad\quad\quad\quad\quad\quad\quad\quad 2 \cdot \boxed{3} = 6 \quad$ ist eine richtige Aussage.

16.2 Division. Die Bestimmung der einzusetzenden eindeutig bestimmten Zahl (hier: 3) in der obigen Aussageform nennen wir **Division**.

Statt $\quad\quad\quad\quad 2 \cdot \boxed{3} = 6$

schreiben wir auch: $\quad 6 : 2 = \boxed{3}$

16.3 Bezeichnungen. Bei der Division führen wir folgende Bezeichnungen ein:

6	:	2	=	3
Dividend	durch	Divisor		Wert des Quotienten
Quotient				

16.4 Multiplikation und Division. Der Abschnitt 16.2 zeigt uns, daß jede Multiplikation als Division geschrieben werden kann und umgekehrt:

Multiplikation	Division
$8 \cdot \boxed{3} = 24$	$24 : 8 = \boxed{3}$
$\boxed{8} \cdot 3 = 24$	$24 : 3 = \boxed{8}$
$5 \cdot \boxed{23} = 115$	$115 : 5 = \boxed{23}$

Da — wie die Tabelle zeigt — auch jede Division als Multiplikation geschrieben werden kann, können wir zu jeder Divisionsaufgabe eine **Probe** machen mit Hilfe der entsprechenden Multiplikation.

Beispiel: Aufgabe: Berechne $33 : 11$.

$\quad\quad\quad$ Lösung: $\quad 33 : 11 = \boxed{3}$

$\quad\quad\quad$ Probe: $\quad 11 \cdot \boxed{3} = 33$

16.5 Ist der Dividend größer als der Divisor, so kann es einen Quotienten geben.
Ist der Dividend gleichgroß wie der Divisor, so hat der Quotient als Wert die Zahl 1.
Ist der Dividend kleiner als der Divisor, so hat der Quotient keinen Wert (im Bereich der natürlichen Zahlen).

Beispiele: 1) 6 : 3 = 2; der Quotient hat als Wert eine natürliche Zahl.
6 : 4 kann nicht berechnet werden; diesen Quotienten gibt es nicht.
2) 7 : 7 = 1; der Quotient hat als Wert die natürliche Zahl 1.
3) 7 : 8 kann nicht berechnet werden.

16.6 Kommutativgesetz und Assoziativgesetz gelten bei der Division **nicht**.
Beispiele: 1) Die Aufgabe 6 : 3 hat den Wert 2, aber 3 : 6 hat kein Ergebnis.
2) Die Aufgaben 16 : (8 : 2) und (16 : 8) : 2 haben verschiedene Ergebnisse, nämlich 4 und 1.

16.7 Das **Distributivgesetz gilt** auch für die Division und Addition bzw. für die Division und Subtraktion.
Beispiele:

1) Division und Addition:

1. Aufgabe: $(9 + 12 + 15) : 3$	**2. Aufgabe:** $9 : 3 + 12 : 3 + 15 : 3$
$= \quad 36 \quad : 3$	$= 3 + 4 + 5$
$= \quad \mathbf{12}$	$= \quad \mathbf{12}$

also: $(9 + 12 + 15) : 3 = 9 : 3 + 12 : 3 + 15 : 3$

2) Division und Subtraktion:

1. Aufgabe: $(15 - 9 - 3) : 3$	**2. Aufgabe:** $15 : 3 - 9 : 3 - 3 : 3$
$= \quad 3 \quad : 3$	$= 5 - 3 - 1$
$= \quad \mathbf{1}$	$= \quad \mathbf{1}$

also: $(15 - 9 - 3) : 3 = 15 : 3 - 9 : 3 - 3 : 3$

Das Distributivgesetz erlaubt es, die Division beim praktischen Rechnen zu vereinfachen (s. Aufgaben).

Aufgaben mit Lösungen

1. Aufgabe: a) Berechne den Quotienten 4635 : 9 mit Hilfe des Distributivgesetzes und verkürze dann den Rechengang immer mehr.
b) Prüfe den Quotienten (Überschlag, Multiplikation).
Lösung:
a) 1. ausführlich: 4635 : 9
 $= (4500 + 90 + 45) : 9$
 $= 4500 : 9 + 90 : 9 + 45 : 9$ D
 $= \quad 500 \quad + \quad 10 \quad + \quad 5$
 $= \mathbf{515}$

2. Kurzform mit angeschriebenen Divisionsresten:

$4635 : 9 = \mathbf{515}$
 $_{1\ 4}$

Muster 1

Benütze diese Kurzform bei einfachen Divisoren!

b) Überschlag: 4635 : 9   Multiplikationsprobe: 515 · 9
 $\approx 5000 : 10$ ―――
 $\approx \mathbf{500}$ 4635

K 7

2. Aufgabe: Berechne 29160 : 648 und prüfe den Quotienten durch Überschlag!
Lösung: a) Quotient:

```
29160 : 648 = 45
-2592
 ─────
  3240
 -3240
 ─────
     0
```
Muster 2

Dieses Muster verwenden wir bei der Division durch mehrstellige Divisoren.
b) Überschlag: 29160 : 648
≈ 30000 : 600
≈ **50**

3. Aufgabe: Bestimme die Lösung der Aussageform und mache die Probe:
a) $x \cdot 9 = 108$
b) $y : 25 = 12$
Lösung: a) Die Aussageform $x \cdot 9 = 108$ läßt sich auch so schreiben: $x = 108 : 9$
    oder: $x = 12$
Ergebnis: Die Lösung der Aussageform ist 12.
Probe: $12 \cdot 9 = 108$ ist eine wahre Aussage.
b) Die Aussageform $y : 25 = 12$ läßt sich auch so schreiben: $y = 12 \cdot 25$
oder: $y = 300$.
Ergebnis: Die Lösung der Aussageform ist 300.
Probe: $300 : 25 = 12$ ist eine wahre Aussage.

4. Aufgabe: Mit welcher Zahl muß man die Summe der Zahlen 77, 88 und 99 multiplizieren, um das Produkt dieser Zahlen zu erhalten?
Lösung: Verwendet man für die gesuchte Zahl
die Variable y, so erhält man folgende Aussageform:

$(77 + 88 + 99) \cdot y = 77 \cdot 88 \cdot 99$
oder: 264 $\cdot y = 670824$
oder: $y = 670824 : 264$

oder: $y = 2541$
Ergebnis: Die gesuchte Zahl ist 2541.

N.R.: 1)
```
  77 · 88
  ──────
     616
     616
  6776 · 99
  ─────────
    670824
```
2)
```
670824 : 264 = 2541
-528
 ───
 1428
-1320
 ────
 1082
-1056
 ────
  264
 -264
 ────
    0
```

5. Aufgabe: Berechne 100100 : 1100 (verwende Muster 2)! Mache die Probe im Zehnersystem!
Lösung: 100100 : 1100 = 11   Probe: $36 : 12 = 3$.
```
-1100
 ────
  1100
 -1100
 ─────
     0
```

Grundübungen

1) Rechne im Kopf und schreibe nur die Werte der Quotienten auf:
   a) 26, 42, 108, 216, 512, 34, 870, 1240, 980   : 2
   b) 27, 54, 81, 132, 1320, 13 200, 132 000, 1 320 000 : 3
   c) 24, 100, 108, 112, 212, 216, 316, 416, 4160, 41 600 : 4
   d) 5, 25, 75, 105, 135, 140, 240, 570, 1250, 12 500   : 5
   e) 54, 162, 264, 72, 660, 420, 84, 1200, 1284   : 6
   f) 14, 140, 210, 21, 560, 56, 910, 140, 1491   : 7
   g) 80, 160, 1000, 1080, 1160, 1240, 1320, 1328   : 8
   h) 27, 54, 81, 621, 6111, 61 110, 531, 513   : 9

2) Berechne die Werte der folgenden Quotienten (nach Muster 1) und prüfe sie in a – n durch Überschlag, in o – z durch Multiplikationsprobe:
   a) 5416 : 4   b) 15 327 : 3   c) 8512 : 8   d) 16 372 : 2   e) 24 114 : 6
   f) 45 144 : 8   g) 39 752 : 4   h) 38 455 : 5   i) 93 618 : 9   k) 48 811 : 7
   l) 15 340 : 20   m) 29 280 : 60   n) 258 020 : 70 o) 186 480 : 90   p) 529 900 : 300
   q) 110 010 : 10 r) 101 101 : 101 s) 101 000 : 100 t) 1111 : 11   u) 111 100 : 1111

3) Berechne die Werte der folgenden Quotienten (nach Muster 2) und prüfe sie in a—n durch Überschlag, in o—z durch Multiplikationsprobe:
   a) 46 656 : 36   b) 9492 : 21   c) 94 900 : 365   d) 148 877 : 53
   e) 1 488 770 : 530 f) 466 560 : 360 g) 10 140 : 78   h) 21 952 : 28
   i) 16 384 : 32   k) 28 224 : 42   l) 3973 : 137   m) 6552 : 182
   n) 110 010 : 101   o) 101 101 : 1001 p) 1 010 001 : 1001 q) 111 111 : 111

4) Bestimme die Lösungen der folgenden Aussageformen (vgl. 3. Aufgabe, S. 66):
   a) $6 \cdot x = 12$ b) $12 \cdot z = 108$ c) $52 = 13 \cdot y$ d) $18 \cdot x = 108$
   e) $51 = 3 \cdot a$ f) $17 \cdot b = 51$ g) $11 \cdot y = 121$ h) $13 \cdot y = 169$
   i) $24 \cdot x = 144$ k) $15 \cdot x = 105$ l) $15 \cdot x < 105$ m) $15 \cdot x < 20$

Weitere Übungen

5) Bestimme die Lösungsmengen (Klammerschreibweise) der folgenden Aussageformen:
   a) $5 \cdot x < 15$ b) $3 \cdot y > 9$ c) $13 \cdot x < 14$ d) $27 \cdot x = 0$ e) $0 \cdot x = 7$
   f) $60 : x = 12$ g) $12 : y = 4$ h) $91 : y = 7$ i) $12 : x > 3$ k) $12 : x < 3$
   l) $12 : x = 3$ m) $199 \cdot y = 59501$ n) $y : 18 = 18$ o) $y : 180 = 1$ p) $y : 180 = 0$

6) Löse wie die 4. Aufgabe auf S. 66:
   a) Mit welcher Zahl muß man 84 multiplizieren, um 336 zu erhalten?
   b) Mit welcher Zahl muß man 390 dividieren, um 13 zu erhalten?
   c) Der Divisor heißt 23, der Quotient 9. Wie heißt der Dividend?
   d) Mit welchen Zahlen muß man 48 multiplizieren, um weniger (mehr) als 130 zu erhalten?
   e) Mit welchen Zahlen muß man 48 dividieren, um mehr (weniger) als 12 zu erhalten?
   f) Mit welchen Zahlen muß man 96 multiplizieren, um mehr (weniger) als das Produkt (die Summe) von 11 und 12 zu erhalten?

7) Eine Stenotypistin schreibt in 3 Stunden insgesamt 360 Zeilen zu je 60 Anschlägen.
   a) Wie viele Zeilen schreibt sie in 1 Stunde (1 Minute)?
   b) Wie viele Anschläge macht sie in der Minute (Stunde)?

K 7

17 Terme und Aussageformen

Alles, was wir über die **4 „Grundrechenarten"** gelernt haben, können wir jetzt in zusammengesetzten Termaufgaben und beim Lösen von Aussageformen erproben!

17.1 „Grundrechenarten". Es sind uns jetzt **4 Rechenarten** bekannt, nämlich die Addition, Multiplikation, Subtraktion und Division. Jede Rechenart wird durch ein Rechenzeichen gekennzeichnet: $+$, $\cdot$, $-$, $:$.

17.2 Term. In Erweiterung von 12.1 und 13.3 vereinbaren wir jetzt: Zusammenstellungen von natürlichen Zahlen, Variablen und Rechenzeichen $+$, $\cdot$, $-$, $:$, bei denen auch Klammern vorkommen können, nennen wir **Terme**.
Eine natürliche Zahl allein oder eine Variable allein ist ebenfalls ein Term.
Beispiele von Termen: $(2+3):5$; $(a+4)-9$; $(27 \cdot 6):9+12 \cdot 6$

17.3 Vereinbarungen. Für die Terme übernehmen wir alle weiteren Vereinbarungen von Lernabschnitt 12, 13 und 14 und können deshalb sagen:

> a) Kommen in einem Term Klammern vor, so muß zuerst der Klammerinhalt berechnet werden.
> b) Klammern um Produkte werden fortgelassen.
> c) Multiplikationen und Divisionen (sogenannte „Punktrechenarten") kommen vor Additionen und Subtraktionen (sogenannte „Strichrechenarten").
> d) Art und Wert(e) eines Terms werden gemäß Lernabschnitt 12 bzw. 13 berechnet.
> e) Aussagen und Aussageformen bilden wir wie in Lernabschnitt 14 aus Termen.

17.4 „Römische Zahlenfiguren". Die bekannten römischen Zahlenfiguren sind Kurzformen von Termen, in denen Addition (und Subtraktion) vorkommt.
Beispiele:
1) $VI = 5+1 = 6$ 2) $IV = 5-1 = 4$
3) $XIX = 20-1 = 19$ 4) $XXI = 20+1 = 21$
Beachte: Die römische Schreibweise kennt keine Stellenwerte!

Aufgaben mit Lösungen:

1. Aufgabe: Gegeben ist der Term $(9327 + 4308) \cdot (16252 : 478)$. Bestimme Art und Wert des Term
Lösung: Term: $(9327 + 4308) \cdot (16252 : 478)$ | N. R.: 1) $16252 : 478 = 34$ 2) $13635 \cdot$
       Art: Produkt
       Wert: $(9327 + 4308) \cdot (16252 : 478)$
          $= 13635 \cdot 34$
          $= \mathbf{463590}$

N. R.:
1434
1912
1912
0

4090
545
4635

2. Aufgabe: Gegeben ist der Term $(a \cdot 2 + 5) : 3$. Der Einsetzbereich für die Variable a ist $\{5, 2$
   a) Zeichne das Flußdiagramm des Terms!
   b) Bestimme Art und Werte des Terms!

Lösung: a) Flußdiagramm des Terms:

$$a \fbox{$\cdot\,2$} a \cdot 2 \fbox{$+\,5$} a \cdot 2 + 5 \fbox{$:\,3$} (a \cdot 2 + 5) : 3$$

b)   Art: Quotient
      Werte: 1. Wert: (5 · 2 + 5) : 3   2. Wert: (20 · 2 + 5) : 3
                  =   15   : 3   =   45   : 3
                  =   **5**   =   **15**

3. Aufgabe: Welche Zahlen darf man zum Quotienten von 27 und 3 addieren, damit sich höchstens 12 ergibt?

Lösung: Da sich nicht mehr als 12 ergeben darf, sind die gesuchten Zahlen die Lösungen der folgenden
Aussageform: 27 : 3 + x < 13
oder: 9   + x < 13
Lösungen sind also die Zahlen 1, 2, 3.
Ergebnis: Man darf die Zahlen 1, 2 oder 3 addieren.

Grundübungen

1) Bestimme jeweils Art und Wert des Terms:
   a) 8 · 12 + 96 : 4   b) 8 · (12 + 96 : 4)   c) 8 · (12 + 96 · 4)
   d) (8 · 12 + 96) : 4   e) (123 + 14) · (77 − 12)   f) (123 + 14 · 77 − 12) · 18
   g) (123 + 14) · (77 − 2 · 18)   h) (123 + 14) · (77 − 2) · 18   i) $3^2 \cdot (2^4 - 6)$
   k) $3^4 \cdot (2^3 + 2 \cdot 4^2)$ l) $(3^4 \cdot 2^{\,3} + 2) \cdot 4^2$ m) $3^2 \cdot 2^4 - 6$

2) Zu jedem der folgenden Terme ist ein Einsetzbereich für die Variable angegeben. Bestimme jeweils Flußdiagramm, Art und Werte des Terms:
   a) 2 · a − 5; {39, 44, 61}   b) (2 · a − 5) · (2 · a − 5); {39, 44, 61}
   c) (2 · a − 5) · (2 a + 5); {39, 44, 61}   d) b : 3 + 17; {27, 81, 243}
   e) (b : 3 + 17) : 34; {51, 153}   f) (b + 3) : 34; {31 ; 65, 99}

3) Bestimme die Lösungen und Lösungsmengen der folgenden Aussageformen:
   a) 37 + x < 40   b) 2 · 6 + x < 30   c) 2 · 6 − x = 10   d) 2 · 6 − x > 10
   e) 2 · 6 − x < 10   f) x + 19 · 3 = 58   g) 86 − x > 75   h) 86 − x = 5 · 30
   i) 86 − x = 5 · 3   k) 44 : 4 + x = 20   l) 44 : 4 + x < 20   m) 44 : 4 − x < 20

Weitere Übungen

4) Bestimme die Lösungen und Lösungsmengen der folgenden Aussageformen:
   a) 2 · x + 6 = 7 · 14   b) 2 · x − 6 = 7 · 14   c) 2 · x + 8 = 100   d) 2 · x + 10 = 102
   e) 2 · x − 20 = 72   f) 2 · x + 3 · 4 < 108 : 2   g) 6 · y − 9 < 84 : 2   h) 6 · y < 84 : 2

5) Löse wie die 3. Aufgabe auf S. 69:
   Welche Zahl muß man zum Quotienten von 123 und 3 addieren, um 168 zu erhalten?

6) Welche Zahl muß man vom Produkt der Zahlen 23 und 134 subtrahieren, um 1667 zu erhalten?

7) Welche Zahlen darf man zur Differenz von 68 und 44 addieren, um mehr (weniger) als 67 zu erhalten?

8) Welche Zahlen darf man zum Produkt von 27 und 3 addieren, um mehr (weniger) als die Summe (Differenz) von 136 und 61 zu erhalten?

9) Welche Zahl muß man zum Quotienten von 2124 und 36 addieren, um das Vierfache der Differenz von 1220 und 990 zu erhalten?

K 7

10) Schreibe die römischen Zahlenfiguren als Terme und berechne ihren Wert (X = 10; L = 50; C = 100; D = 500; M = 1000):
   a) X; IX; XXX; XII; XIII; XV; XVI; XVII
   b) L; XL; LX; LXX; LXI; LIX
   c) CX; XC; CXII; CL; CXL; CLX
   d) ML; MD; MC; MDC; MDL; MCMLXX
11) Berechne und vergleiche:
   a) 101 · 11 und 11 · 101
   b) 1100 : 11 + 10 und 10 + 1100 : 11
   c) (101 + 110) · 101 und 101 · 101 + 110 · 101
   d) (101 · 110) · 1011 und 101 · (110 · 1011)

Oase 4

I. Wir wenden unsere Kenntnisse an
Einfache Anwendungen

1) Ein Geschäft verkaufte 50 kg Butter, 8 Körbe Apfelsinen zu je 75 Stück und 1680 Schokohäschen. D Schokohäschen wurden für 2,50 DM je Dutzend, 1 kg Butter für 6,80 DM und 2 Apfelsinen für 65 P verkauft. Im Einkauf mußte das Geschäft für 100 Häschen 18,50 DM bezahlen, für 10 kg Butter 59 D und für einen Korb Apfelsinen 20,50 DM.
   a) Wieviel DM betrug der Verkaufserlös?
   b) Wieviel DM beträgt der Reingewinn, wenn noch Unkosten in Höhe von 66,50 DM entstanden?
2) Eine Angestellte erhält monatlich 675 DM netto ausgezahlt. Für ihre Zimmermiete und das Essen rechnet s täglich 8,50 DM. Ihr Arbeitgeber hat an Steuern, Kranken- und Invalidenversicherung für sie monatli 142,50 DM aufzuwenden.
   a) Wieviel DM verdient die Angestellte in einem Jahr?
   b) Wieviel DM bleiben ihr im Monat nach Abzug von Miete und Essen?
   c) Wieviel DM hat der Arbeitgeber in einem Monat (einem Jahr) für die Angestellte aufzuwenden?
3) Die Klasse 1a hat 34 Schüler, 1b hat 39 Schüler und 1c hat 35 Schüler.
   a) Wie viele Schüler haben die Klassen 1a, b u. c zusammen?
   b) Wie groß ist die „mittlere Klassenstärke" der ersten Klassen?
4) Ingrid hat in 4 Mathematikarbeiten nacheinander die Noten 2, 4, 3, 3 geschrieben. Was ist der „Mittelwe der schriftlichen Arbeiten?
5) Eine Prüfungsarbeit in einer Klasse mit 40 Schülern ergab Folgendes:

Note	1	2	3	4	5	6
Schüleranzahl	5	9	13	8	4	1

   a) Berechne den „Mittelwert" der Noten.
   b) Warum sagt der „Mittelwert" nicht so viel aus wie die obige Tabelle?

6) Bei derselben Prüfungsarbeit erzielen Klasse 5a und 5b folgende Ergebnisse:

1a)
Note	1	2	3	4	5	6
Schüleranzahl	1	3	11	5	0	0

1b)
Note	1	2	3	4	5	6
Schüleranzahl	3	3	8	4	1	1

   a) Ziehe Vergleiche zwischen den Klassen, ohne den Mittelwert zu berechnen.
   b) Berechne jetzt für beide Klassen den Mittelwert und vergleiche wieder.

7) Bei der Berechnung von „Überschlägen" haben wir häufig Zahlen „aufgerundet" oder „abgerundet".
   a) Beim „Runden" gilt folgende Festsetzung:
      Bis zur Ziffer 4 wird abgerundet, von 5 an wird aufgerundet.
      Beispiele: auf Zehner gerundet   auf Hunderter gerundet   auf Tausender gerundet
      $5674 \approx 5670$ $32741 \approx 32700$ $32470 \approx 32000$
      $5675 \approx 5680$ $32750 \approx 32800$ $32560 \approx 33000$
   b) Runde die Einwohnerzahlen folgender Städte (Stand 31. 12. 1966):
      a) auf Tausender   b) auf Zehntausender   c) auf Hunderttausender

Aschaffenburg	55 749	Mainz	146 170	Berlin-West	2 185 403
Bamberg	71 542	Nürnberg	469 799	Berlin-Ost	1 080 726
Erlangen	81 812	Osnabrück	141 398	Hamburg	1 847 267
Fürth	95 714	Potsdam	110 693	München	1 235 548
Göppingen	47 305	Recklinghausen	127 578	Bremen	601 884
Herford	55 261	Wiesbaden	259 438	Dortmund	654 541
Iserlohn	57 460	Augsburg	212 549	Essen	716 078
Konstanz	58 822	Bochum	353 796	Frankfurt	678 506
Lüneburg	60 257	Darmstadt	139 748	Köln	859 830
Merseburg	55 710	Emden	46 952	Stuttgart	625 258

Weitere Anwendungen

8) a) Es gibt Aussageformen, die bei jeder Einsetzung eine richtige Aussage ergeben, zum Beispiel:
      1) $x \cdot 25 = (x \cdot 100) : 4$
      2) $x \cdot 50 = (x \cdot 100) : 2$
      3) $x \cdot 15 = x \cdot 10 + x \cdot 5$
   b) Zeige, daß 1) und 2) eine Form des Assoziativgesetzes, 3) eine Form des Distributivgesetzes ist.
   c) Die Aussageformen 1), 2) und 3) ergeben „Rechenkniffe":
      1) Anstatt eine Zahl mit 25 zu multiplizieren, kann man sie auch mit 100 multiplizieren und das Produkt durch 4 teilen.
      2) Anstatt eine Zahl mit 50 zu multiplizieren, kann man sie auch mit 100 multiplizieren und das Produkt durch 2 teilen.
      3) Anstatt eine Zahl mit 15 zu multiplizieren, kann man sie auch mit 10 multiplizieren und die Hälfte dieses Produkts noch addieren.
   d) Berechne mit Hilfe dieser Rechenkniffe:
      $17 \cdot 50$, $18 \cdot 25$, $23 \cdot 15$, $64 \cdot 50$, $128 \cdot 25$, $33 \cdot 15$, $50 \cdot 43$, $25 \cdot 18$, $250 \cdot 18$, $500 \cdot 18$, $150 \cdot 17$, $640 \cdot 250$, $97 \cdot 150$.
   e) Gib einen Rechenkniff für Multiplikation mit 125 an.

9) a) Aussageformen, die bei jeder Einsetzung eine richtige Aussage ergeben, lassen sich auch für Zaubertricks verwenden.

Beispiel: $2 \cdot x + 3 \cdot x - 4 \cdot x = x$ ergibt folgenden „Trick":
Man sagt zu jemanden, er solle sich eine Zahl denken und verdoppeln. Dann soll er sie verdreifachen und das Ergebnis addieren. Dann soll er sie vervierfachen und das Ergebnis subtrahieren. Was jetzt herauskommt, soll er dir sagen. Nun kannst du „erraten", was er sich gedacht hat — die Endergebniszahl.
b) Mache aus folgenden Aussageformen „Zaubertricks":
1) $2 \cdot x + 4 \cdot x - 3 \cdot x = 3 \cdot x$
2) $(x + 3) \cdot 2 - 6 = 2 \cdot x$
3) $(x + 4) \cdot 3 - 12 = 3 \cdot x$

II. Basteln und Spielen: Von „Denkmaschinen"

1) Wir wollen eine **Maschine** bauen, die **„Gedankenlesen"** kann:
a) zuerst machen wir aus Pappe die nebenstehende „Denkmaschine" und legen drei weiße und drei schwarze Spielsteine zurecht.

Ist die Zahl größer als 3?	Teile die Zahl durch 4. Ist der Rest größer als 1?	Ist die Zahl ungerade?

b) Und jetzt kommt unser Spiel: Wir fordern jemanden auf, sich eine der Zahlen 0, 1, 2, 3, 4, 5, 6 oder 7 zu denken — diese Zahl uns aber ja nicht zu sagen, sondern nur auf die drei Fragen der Denkmaschine deutlich und wahrheitsgemäß mit „Ja" oder „Nein" zu antworten. Antwortet unser Partner mit „Ja", dann legen wir auf das entsprechende Feld eine schwarze Marke, antwortet er mit „Nein", dann legen wir eine weiße Marke hin. Was wir unserem Partner noch sagen müssen: „0" gilt als gerade Zahl! Haben wir alle drei Fragen beantwortet erhalten, dann ist von selbst auf unserer Maschine die „gedachte Zahl" im Zweiersystem entstanden (vergleiche das Spiel auf S. 23). Wir dürfen sie nur ablesen.

2) Sollen wir uns einmal einen **„automatischen Arzt"** bauen, einen, der uns sagen kann, was uns fehlt? Natürlich ist das jetzt nur ein Spaß — aber mit einem ernsten Hintergedanken: In großen Krankenhäusern gibt es Denkmaschinen, die feststellen können, was einem Patienten fehlt. Was wir uns jetzt bauen, ist nur ein lustiges Modell — aber es zeigt, wie man so etwas macht:
Unser „Roboterarzt" besteht aus der nebenstehenden Maschine. Wir stellen uns oder sonst jemandem die Fragen. Bei „Ja" legen wir wieder einen schwarzen Stein hin, bei „Nein" einen weißen. Die entstehende Zahl im Zweiersystem übersetzen wir ins Zehnersystem und ermitteln aufgrund der beigefügten Diagnosetabelle die Krankheit (oder die Gesundheit).
Vielleicht fällt dir selbst etwas Ähnliches ein — ein Roboter für die Wetterprognose, womöglich ein Roboter für die Vorhersage von Zeugnisnoten!

Ist die Körpertemperatur über 38,5°C?	Liegt Schnupfen vor?	Liegen starke Rückenschmerzen vor?

Diagnosetabelle	
0	wahrscheinlich gesund
1	Muskelkater
2	leichter Katarrh
3	beginnende Grippe
4	noch unklar
5	Grippe
6	schwerer Katarrh
7	schwere Grippe

C. Verknüpfen von Mengen

18 Mengen von Vielfachen

Ein neuer Abschnitt des Buches beginnt: Seither haben wir uns meist **innerhalb einer Menge** bewegt, wir haben **in IN** gerechnet und **in** anderen Mengen. Jetzt beginnen wir damit, **zwei** Mengen einander gegenüberzustellen und miteinander zu vergleichen. Besonders werden wir darauf achten, zu erkennen, ob sie gemeinsame Elemente besitzen und wie diese beschaffen sind. Zu diesem Zweck stellen wir uns in diesem Lernabschnitt — sozusagen „auf Vorrat" — neue Mengen her, die **„Vielfachenmengen"**.

8.1 Vielfache von 2. Multiplizieren wir die natürlichen Zahlen 1, 2, 3, 4, ... nacheinander mit 2, so entstehen die Vielfachen von 2. Es sind die natürlichen Zahlen 2, 4, 6, 8, ... Diesen Vorgang können wir uns auch mit einer „Verdoppelungsmaschine" vorstellen. Die Maschine wird durch unseren Zuordnungspfeil mit 2 Leerstellen dargestellt:

Eingabe:　　　　　　　　　　·2　　　　　　　　　Ausgabe:
Natürliche Zahlen　　　　　　　　　　　　　　　　Vielfache von 2

8.2 V_2. Aus den Vielfachen von 2, den Zahlen **2, 4, 6, 8, 10, 12, 14, 16, 18, 20, 22, 24**, ... bilden wir eine Menge:

Die Menge aller Vielfachen von 2, kurz: V_2.

V_2 ist eine Teilmenge von IN. V_2 ist uns schon bekannt: es ist die Menge G der geraden Zahlen (s. Lernabschnitt 3).

8.3 V_3. Wir machen aus unserer „Verdoppelungsmaschine" eine „Verdreifachungsmaschine":

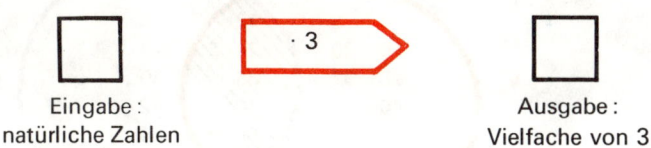

Eingabe:　　　　　　　　　　·3　　　　　　　　　Ausgabe:
natürliche Zahlen　　　　　　　　　　　　　　　　Vielfache von 3

So entstehen die Vielfachen von 3, also die Zahlen 3, 6, 9, 12, 15, 18, 21, 24, 27, 30, 33,... Aus ihnen bilden wir wieder eine Menge:

Die Menge aller Vielfachen von 3, kurz: V_3.

V_3 ist eine Teilmenge von IN . Es ist die Menge der „Dreierzahlen". Dabei stellen wir z. B. fest:

27 ist ein Element von V_3, kurz: $27 \in V_3$.
28 ist nicht Element von V_3; kurz: $28 \notin V_3$.
Weiter gilt z. B.:
$33 \in V_3$, $130 \notin V_3$, $1\,200 \in V_3$, $1\,206 \in V_3$, $1\,207 \notin V_3$.

8.4 V_4. Wenn wir auf IN eine „Vervierfachungsmaschine", „Verfünffachungsmaschine" usw. anwenden, erhalten wir die Menge aller Vielfachen von 4, die Menge aller Vielfachen von 5 usw. Diese nennen wir V_4, V_5 usw.

K 8

Aufgaben mit Lösungen

1. Aufgabe: a) Schreibe die Menge V_{17} behelfsmäßig auf, dabei die ersten 20 Elemente lückenlos.
b) Prüfe nach, ob die Zahlen 223, 255 und 289 Elemente von V_{17} sind.
Lösung: a) V_{17} = {17, 34, 51, 68, 85, 102, 119, 136, 153, 170, 187, 204, 221, 238, 255, 272, 289, 306, 323, 340, ...}.
b) $223 \notin V_{17}$; $255 \in V_{17}$; $289 \in V_{17}$.

2. Aufgabe: Zeichne ein Venn-Diagramm des Mengenpaars V_3; V_9 (die ersten 10 Elemente jeder Menge lückenlos) und prüfe unter Verwendung des Zeichens $\subset$ oder $\not\subset$, ob eine Menge Teilmenge der anderen ist oder nicht.
Lösung:

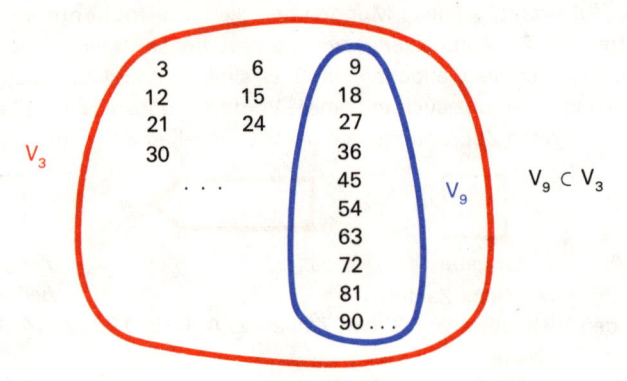

$V_9 \subset V_3$

3. Aufgabe: Zeichne ein Venn-Diagramm des Mengenpaars V_4; V_6 (die ersten 10 Elemente jeder Menge lückenlos) und schreibe die gemeinsamen Elemente beider Mengen auf. Welche Vielfachmenge bilden diese Elemente?
Lösung: a) Venn-Diagramm:

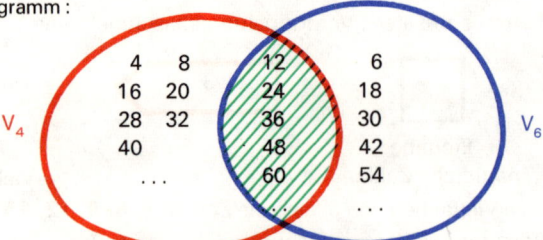

b) Gemeinsame Elemente: 12, 24, 36, 48, 60, 72, ... Diese Elemente bilden die Vielfachmenge V

4. Aufgabe: Zeichne in der Menge {3, 8, 7, 21, 14} ein Pfeildiagramm der Zuordnung „ist Vielfaches von".
Lösung:

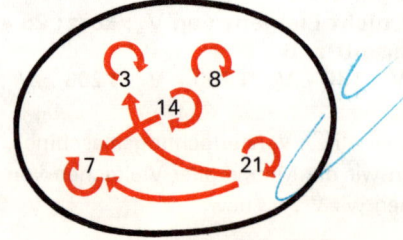

Grundübungen

1) Schreibe jede der folgenden Mengen in der Klammerschreibweise behelfsmäßig auf, dabei die ersten 10 Elemente lückenlos. Prüfe unter Verwendung des Zeichens $\in$ oder $\notin$, ob die danebenstehenden Zahlen Elemente der Menge sind oder nicht:
   a) V_2; 37, 42, 127, 1270, 683 | V_3; 58, 23, 27, 34, 373 | V_4; 82, 28, 44, 47, 124
   b) V_5; 58, 70, 185, 213, 1248 | V_6; 4, 16, 160, 256, 126 | V_7; 81, 123, 214, 49, 117
   c) V_8; 13, 132, 160, 72, 74 | V_9; 74, 171, 89, 189 | V_{10}; 300, 312, 440, 1005
   d) V_{14}; 70, 140, 36, 52, 67 | V_{15}; 60, 90, 115, 105 | V_{16}; 32, 68, 64, 164, 72
   e) V_{20}; 800, 810, 50, 740 | V_{22}; 660, 77, 99, 2200 | V_{23}; 23, 243, 123, 447

2) Zeichne jeweils ein Venn-Diagramm der folgenden Mengenpaare (die ersten 10 Elemente jeder Menge lückenlos) und prüfe unter Verwendung des Zeichens $\subset$ oder $\not\subset$, ob eine Menge Teilmenge der anderen ist oder nicht:
   a) V_2; V_4 b) V_3; V_6 c) V_5; V_{10} d) V_5; V_{15} e) V_6; V_{18}
   f) V_{10}; V_{20} g) V_{20}; V_{30} h) V_{12}; V_{24} i) V_3; V_9 k) V_9; V_{12}
   l) V_2; V_3 m) V_3; V_4 n) V_4; V_5 o) V_5; V_6 p) V_6; V_7
   q) V_6; V_5 r) V_4; V_3 s) V_{12}; V_{18};   t) V_{15}; V_{20} u) V_{20}; V_{25}
   v) V_8; V_{11} w) V_8; V_{12} x) V_{18}; V_{24} y) V_1; V_7 z) V_1; V_{13}

Weitere Übungen

) Zeichne jeweils ein Venn-Diagramm der folgenden Mengenpaare (die ersten 15 Elemente jeder Menge lückenlos) und schreibe die gemeinsamen Elemente der beiden Mengen auf. Welche Vielfachmenge bilden diese Elemente?
   a) V_2; V_5 b) V_3; V_4 c) V_4; V_5 d) V_6; V_8 e) V_8; V_{12}
   f) V_3; V_5 g) V_7; V_9 h) V_3; V_6 i) V_3; V_9 k) V_3; V_{12}
   l) V_{12}; V_{15} m) V_{12}; V_{16} n) V_{12}; V_{24} o) V_{20}; V_{25} p) V_{10}; V_{25}

) Zeichne jede der folgenden Mengen als Venn-Diagramm und in ihr ein Pfeildiagramm der Zuordnung „ist Vielfaches von":
   a) {9, 6, 4, 12}   b) {1, 2, 3, 4}   c) {5, 6, 7, 8, 9, 10}   d) {12, 15, 24, 60}
   e) {33, 27, 11, 540}   f) {11, 22, 33, 44}   g) {12, 36, 48, 72}   h) {3, 5, 7, 9, 11}
   i) {3, 5, 7, 11, 13}   k) {1, 3, 5, 7, 11, 13}   l) {1, 2, 6, 128, 240}   m) {23, 27, 69, 135}

) Zeichne jeweils ein Venn-Diagramm der folgenden Dreiergruppen von Mengen. Welche Vielfachmenge bilden die Elemente, die allen 3 Mengen gemeinsam sind?
   a) V_2; V_4; V_6 b) V_3; V_6; V_9 c) V_2; V_3; V_6 d) V_3; V_4; V_8

19 Wir „schneiden" Mengen

Jetzt stellen wir jeweils 2 Mengen einander gegenüber, suchen gemeinsame Elemente und bilden daraus **eine** neue Menge. Besonders im Venn-Diagramm erhalten wir schöne „Überlagerungsbilder", wir „**schneiden**" jetzt **Mengen**! Dabei stoßen wir auf die „**gemeinsamen Vielfachen**".

K 8

19.1 Durchschnittsmenge. Bilden wir aus den **gemeinsamen Elementen von zwei Mengen** wieder eine Menge, so nennen wir sie die **Durchschnittsmenge** (auch „Durchschnitt") der beiden Mengen.

Haben die beiden Mengen die Namen A und B, so geben wir der Durchschnittsmenge von A und B den Namen **A ∩ B** (lies: „**Durchschnittsmenge von A und B**" oder: „**A geschnitten mit B**").

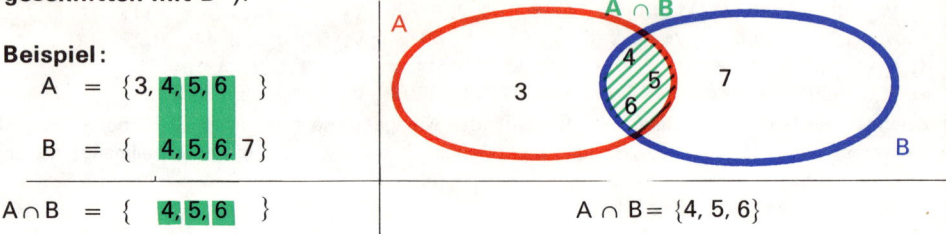

Beispiel:
A = {3, 4, 5, 6 }
B = { 4, 5, 6, 7}
A ∩ B = { 4, 5, 6 }

A ∩ B = {4, 5, 6}

19.2 Gemeinsame Vielfache. Schneiden wir zwei Vielfachenmengen, so sind die Elemente der Durchschnittsmenge Vielfache von zwei natürlichen Zahlen (genauer: von einem Paar natürlicher Zahlen). Wir nennen diese Elemente auch „**Die gemeinsamen Vielfachen**" der beiden natürlichen Zahlen.

Beispiel:
V_6 = {6, 12, 18, 24, 30, 36, 42, 48, 54, 60, 66, 72, ...}
V_9 = { 9, 18, 27, 36, 45, 54, 63, 72, ...}

$V_6 \cap V_9$ = { 18, 36, 54, 72, ...} = V_{18}

Die Elemente der Durchschnittsmenge, also die Zahlen 18, 36, 54, 72, ... sind die gemeinsamen Vielfachen von 6 und 9.

19.3 KgV. Unter den gemeinsamen Vielfachen von zwei natürlichen Zahlen gibt es eine kleinste Zahl. Diese nennen wir „**Das kleinste gemeinsame Vielfache**" (kurz: **kgV**) der beiden Zahlen.

Beispiel: Unter den gemeinsamen Vielfachen von 6 und 9, also den Zahlen 18, 36, 54, 72, ... gibt es eine kleinste Zahl, nämlich 18.

18 ist das kleinste gemeinsame Vielfache von 6 und 9, kurz: 18 ist das kgV von 6 und 9.

19.4 Verknüpfung. Beim Schneiden von Mengen ordnen wir einem Paar von Mengen eine Menge zu, nämlich die Durchschnittsmenge. Das Schneiden von Mengen ist also eine **Verknüpfung.**

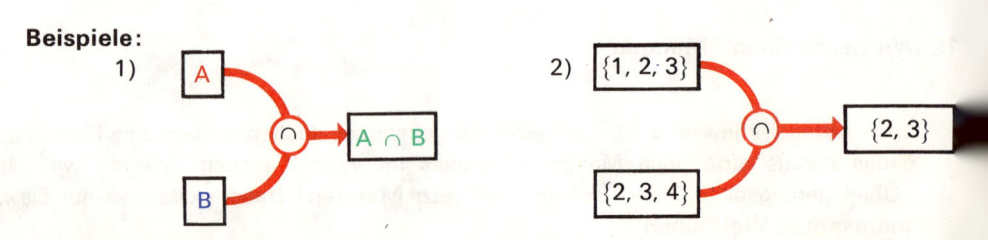

Beispiele:
1) A, B → A ∩ B
2) {1, 2, 3}, {2, 3, 4} → {2, 3}

9.5 Verknüpfungsgesetze.
Wie beim Addieren und Multiplizieren natürlicher Zahlen gilt auch beim Schneiden von Mengen das

Kommutativgesetz: $A \cap B = B \cap A$ und das
Assoziativgesetz: $(A \cap B) \cap C = A \cap (B \cap C)$

Beispiele:

1) {2, 3, 5} {3, 4}
   ∩
   {3}
   ∩
   {3, 4} {2, 3, 5}

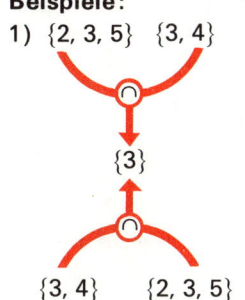

2) {2, 3, 5} {3, 4} {3, 4, 7}
   {3}
   {3}
   {2, 3, 5} {3, 4}
   {3, 4} {3, 4, 7}

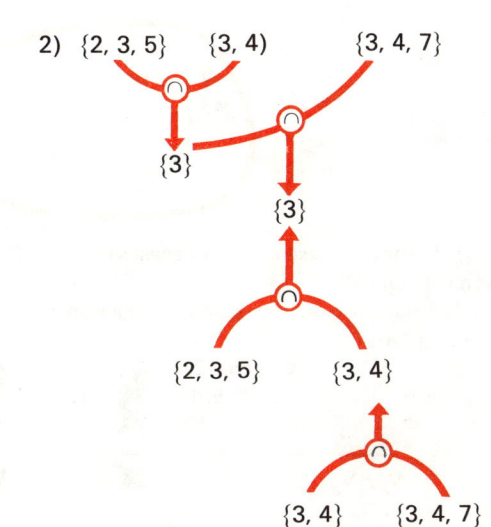

Aufgaben mit Lösungen

1. Aufgabe: Gegeben ist ein Mengenpaar: A = {2, 17, 34, 48}; B = {3, 17, 52, 48}. Schneide die Mengen dieses Paars und stelle die Verknüpfung
  a) in der Klammerschreibweise,
  b) im Venn-Diagramm,
  c) mit einer Pfeilfigur dar!

Lösung: a) A = {2, **17**, 34, **48**}
           B = {3, **17**, 52, **48**}
           ———————————
           $A \cap B$ = { **17**,   **48**}

b) A — 2, 17, 48, 34 ; B — 3, 52 ; $A \cap B$

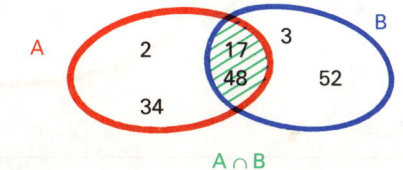

c) {2, **17**, 34, **48**}
   {3, **17**, 52, **48**} → {**17**, **48**}

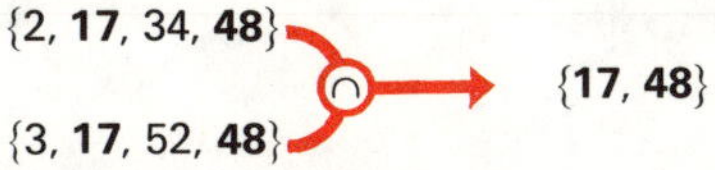

2. Aufgabe: Bestimme die gemeinsamen Vielfachen und das kgV des Zahlenpaars (9 I 12)! Zeichne ein beschriftetes Venn-Diagramm der auftretenden Vielfachmengen!

Lösung: a) Um die gemeinsamen Vielfachen von 9 und 12 zu erhalten, müssen wir $V_9 \cap V_{12}$ bilden:

V_9 = {9, 18, 27, **36**, 45, 54, 63, **72**, 81, 90, ...}
V_{12} = { 12, 24, **36**,   48, 60, **72**, 84, 96, ...}
———————————
$V_9 \cap V_{12}$ = { **36**,   **72**,   **108**, ...}

K 8

Ergebnis: Die gemeinsamen Vielfachen von 9 und 12 sind die Zahlen 36, 72, 108, 144, ... (Es sind die Vielfachen von 36). 36 ist das kgV von 9 und 12.

b) Venn-Diagramm:

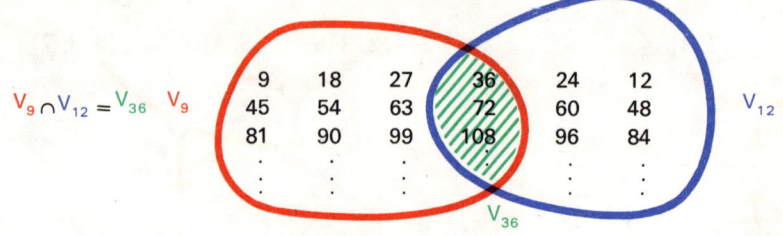

$V_9 \cap V_{12} = V_{36}$

3. Aufgabe: a) Bestimme die gemeinsamen Vielfachen von 6, 8 und 12 sowie aus ihnen das kgV von 6, 8, und 12!
b) Zeichne ein beschriftetes Venn-Diagramm der auftretenden Vielfachenmengen!
Lösung: a)

$V_6 = \{6, 12, 18, 24, 30, 36, 42, 48, 54, 60, 66, 72, ...\}$
$V_8 = \{8, 16, 24, 32, 40, 48, 56, 64, 72, ...\}$
$V_{12} = \{12, 24, 36, 48, 60, 72, ...\}$

$V_6 \cap V_8 \cap V_{12} = \{24, 48, 72, ...\}$

Ergebnis: Die gemeinsamen Vielfachen von 6, 8 und 12 sind die Zahlen 24, 48, 72, 96, ... (Es sind die Vielfachen von 24). Das kgV von 6, 8 und 12 ist die Zahl 24.

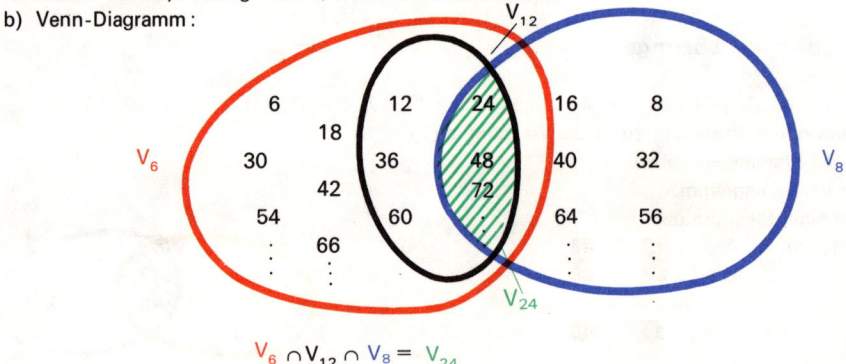

b) Venn-Diagramm:

$V_6 \cap V_{12} \cap V_8 = V_{24}$

Grundübungen

1) Schneide die Mengen der folgenden Paare. Stelle die Verknüpfung von a)—f) in der Klammerschreibweise, von g)—k) im Venn-Diagramm und von l)—v) mit einer Pfeilfigur dar:
   a) $A = \{3, 14, 21\}$; $B = \{21, 14, 8, 9\}$
   b) $C = \{1, 2, 3\}$; $D = \{27, 33, 1\}$
   c) $E = \{12, 9, 36\}$; $D = \{9, 36\}$
   d) $F = \{6, 7, 8, 9\}$; $G = \{8, 6, 7, 9\}$
   e) $F = \{6, 7, 8, 9\}$; $H = \{9, 7, 6, 10\}$
   f) $F = \{6, 7, 8, 9\}$; $J = \{23, 19, 43, 5\}$
   g) $K = \{67, 32, 29, 17\}$; $L = \{13, 67, 32, 29, 17\}$
   h) $K = \{67, 32, 29, 27\}$; $M = \{29\}$
   i) $L = \{13, 67, 32, 29, 17\}$; $O = \{1, 2 ... 17\}$
   k) $Q = \{20, 21 ... 40\}$; $R = \{31, 33, 41, 55\}$

l) Q = {20, 21, ... 40}; S = {27, 28, 29} m) T = {21, 31, 41, 51}; Q = {20, 21 ... 40}
n) O = {1, 2 ... 17}; Q = {20, 21 ... 40} o) W = {8, 18, 28}; X = {48, 38, 28}
p) Y = { }; Z = {6, 3, 12, 27} q) V_2; V_4 r) V_3; V_5
s) V_7; V_8 t) V_9; V_{12} u) V_{15}; V_{18} v) V_{18}; V_{21}

Bestimme wie in Aufgabe 2a) auf S. 77 die gemeinsamen Vielfachen und das kgV der folgenden Zahlenpaare. Zeichne beim 1. Beispiel jeder Teilaufgabe auch ein beschriftetes Venn-Diagramm der auftretenden Vielfachmengen (vgl. Aufgabe 2b auf S. 78):
a) 2, 3 | 4, 5 | 6, 7 | 9, 10 | 14, 15 | 17, 85 | 42, 70
b) 2, 4 | 8, 24 | 11, 33 | 6, 24 | 3, 12 | 34, 51 | 84, 105
c) 4, 6 | 6, 8 | 12, 8 | 9, 15 | 6, 14 | 12, 30 | 51, 357
d) 12, 16 | 15, 25 | 16, 20 | 18, 36 | 20, 30 | 24, 36 | 44, 66
e) 8, 4 | 12, 6 | 18, 16 | 32, 18 | 13, 39 | 15, 40 | 1, 7

Weitere Übungen

Bestimme wie in Aufgabe 3a) auf S. 78 die gemeinsamen Vielfachen und das kgV der folgenden Zahlengruppen. Zeichne in a) – c) auch ein beschriftetes Venn-Diagramm der auftretenden Vielfachmengen (vgl. Aufgabe 3b auf S. 78):
a) 6, 8, 10   b) 9, 12, 15   c) 10, 15, 18   d) 15, 20, 25
e) 12, 16, 20   f) 16, 20, 24   g) 20, 30, 40   h) 60, 80, 100
i) 10, 20, 25   k) 96, 128, 160   l) 27, 45, 54, 90   m) 30, 50, 60, 70, 120

Zeichne jeweils ein Venn-Diagramm der folgenden, in Worten beschriebenen Mengenpaare und bestimme ihre Durchschnittsmenge:
a) die Menge aller natürlichen Zahlen zwischen 6 und 10;
   die Menge aller natürlichen Zahlen zwischen 8 und 14;
b) die Menge aller geraden Zahlen zwischen 123 und 138;
   die Menge aller geraden Zahlen zwischen 129 und 145;
c) die Menge aller Vielfachen von 3 zwischen 34 und 66;
   die Menge aller Vielfachen von 4 zwischen 35 und 59;
d) die Menge aller Vielfachen von 18 zwischen 39 und 45;
   die Menge aller Vielfachen von 29 zwischen 28 und 60;
e) die Menge IN der natürlichen Zahlen; die Menge G der geraden Zahlen;
f) die Menge IN der natürlichen Zahlen; die Menge U der ungeraden Zahlen;
g) die Menge G der geraden Zahlen; die Menge U der ungeraden Zahlen.

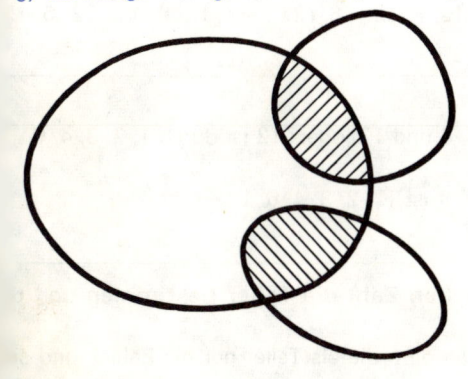

5) Dieses Venn-Diagramm stellt die Menge P aller Personenwagen, die Menge V aller VW-Fahrzeuge und die Menge M aller Mercedes-Fahrzeuge dar.
   a) Zeichne das Bild ab und beschrifte die Mengen richtig.
   b) Was stellen die schraffierten Mengen dar?

K 8

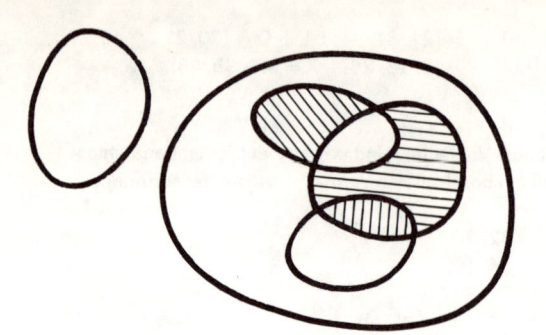

6) Dieses Venn-Diagramm stellt die Menge F aller Flugzeuge, die Menge E aller Fahrzeuge, die Menge V aller VW-Fahrzeuge, die Menge B aller Busse und die Menge M aller Mercedes-Fahrzeuge dar.
   a) Zeichne das Bild ab und beschrifte die Mengen richtig.
   b) Was stellt jede der schraffierten Mengen dar?

7) Berechne und vergleiche; zeichne auch Venn-Diagramme:
   a) $(\{3, 6, 7\} \cap \{4, 9, 3\}) \cap \{7, 3, 12\}$ und $\{3, 6, 7\} \cap (\{4, 9, 3\} \cap \{7, 3, 12\})$
   b) $(\{1, 2, 3, 4\} \cap \{\ \}) \cap \{14, 9, 17, 3\}$ und $\{1, 2, 3, 4\} \cap (\{\ \} \cap \{14, 9, 17, 3\})$
   c) $(\mathbb{N} \cap G) \cap U$ und $\mathbb{N} \cap (G \cap U)$
   d) $(\mathbb{N} \cap U) \cap G$ und $\mathbb{N} \cap (U \cap G)$
   e) $(V_2 \cap V_3) \cap V_4$ und $V_2 \cap (V_3 \cap V_4)$
   f) $(V_5 \cap V_{10}) \cap V_{15}$ und $V_5 \cap (V_{10} \cap V_{15})$

20 Von Teilern, Teilermengen und Primzahlen

Wir verfolgen die Absicht, Mengen zu schneiden, weiter. Zu diesem Zweck schaffen wir uns einen neuen „Vorrat" an Mengen, die **Teilermengen**. Dabei entdecken wir die **Primzahlen**.

20.1 Teiler und Teilermenge. Die natürliche Zahl 12 können wir nur durch die Zahlen 1, 2, 4, 6 und 12 teilen. Es ergibt sich dabei: $12 : 1 = 12$, $12 : 2 = 6$, $12 : 3 = 4$, $12 : 4 = 3$, $12 : 6 = 12 : 12 = 1$.

Wir sagen:
   a) Die Zahl 12 besitzt die Teiler 1, 2, 3, 4, 6 und 12, oder: 12 ist durch 1, 2, 3, 4, 6, 12 teilbar.
   b) Die Menge der Teiler von 12 (kurz: T_{12}) ist $\{1, 2, 3, 4, 6, 12\}$.
      $T_{12} = \{1, 2, 3, 4, 6, 12\}$

Wie bei 12 so können wir **zu jeder natürlichen Zahl die Teiler bestimmen** und die **Menge ihrer Teiler** bilden.

Dabei stellen wir fest, daß es natürliche Zahlen gibt, die als Teiler nur die Zahl 1 und sich selbst besitzen. Ihre Teilermenge enthält also nur zwei Elemente. Wir legen fest:

20.2 Primzahlen. Natürliche Zahlen, deren Teilermenge genau zwei verschiedene Elemente besitzt, heißen **Primzahlen**.

K 9

Beispiele:
1) Folgende Zahlen sind Primzahlen:
  2, denn $T_2 = \{1, 2\}$ hat genau 2 verschiedene Elemente.
  3, denn $T_3 = \{1, 3\}$ hat genau 2 verschiedene Elemente.
  5, denn $T_5 = \{1, 5\}$ hat genau 2 verschiedene Elemente.
2) Folgende Zahlen sind keine Primzahlen:
  1, denn $T_1 = \{1\}$ hat nur 1 Element.
  6, denn $T_6 = \{1, 2, 3, 6\}$ hat 4 verschiedene Elemente.

20.3 Primteiler. Teiler einer Zahl, die Primzahlen sind, nennen wir **Primteiler** der Zahl.
Beispiel: 3 und 4 sind Teiler von 12. 3 ist auch Primteiler von 12, weil 3 Primzahl ist. 4 ist kein Primteiler von 12, weil 4 keine Primzahl ist.

Aufgaben mit Lösungen

1. Aufgabe: Bestimme mit Hilfe der Teilermengen, welche der folgenden Zahlen Primzahlen sind: 17, 18, 19, 20, 21.
Lösung: 1) $T_{17} = \{\mathbf{1, 17}\}$
  $T_{18} = \{1, 2, 3, 6, 9, 18\}$ 2) Ergebnis: 17 und 19 sind Primzahlen.
  $T_{19} = \{\mathbf{1, 19}\}$
  $T_{20} = \{1, 2, 4, 5, 10, 20\}$
  $T_{21} = \{1, 3, 7, 21\}$

2. Aufgabe: a) Streiche in der folgenden Menge alle Vielfachen von 2 (außer 2) rot durch, alle Vielfachen von 3 (außer 3) grün durch:
$\{2, 3, 4, 5, 6, 7, 8, 9, 10, 11, 12, 13, 14, 15, 16, 17, 18, 19, 20, 21, 22, 23, 24\}$
b) Bilde dann die Teilmenge aller nicht durchgestrichenen Elemente. Beschreibe diese Menge!
Lösung: a) $\{2, 3, \cancel{4}, 5, \cancel{6}, 7, \cancel{8}, \cancel{9}, \cancel{10}, 11, \cancel{12}, 13, \cancel{14}, \cancel{15}, \cancel{16}, 17, \cancel{18}, 19, \cancel{20}, \cancel{21}, \cancel{22}, 23, \cancel{24}\}$
b) Es ergibt sich folgende Teilmenge: $\{2, 3, 5, 7, 11, 13, 17, 19, 23\}$
Dies ist die Menge der neun ersten Primzahlen.

3. Aufgabe: a) Zeichne das Venn-Diagramm von T_{75}, der Menge aller Teiler von 75.
b) Zeichne dann die Menge aller Primteiler von 75 ein und bestimme so die Primteiler von 75.
c) Welche Teilmengenbeziehung kann man ersehen?
Lösung: a)

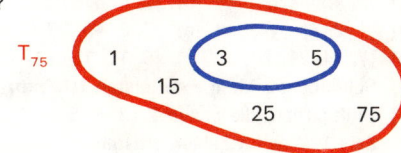

T_{75} 1   3   5
       15
          25   75

b) Die Primteiler von 75 sind die Zahlen 3 und 5.
c) $\{3, 5\} \subset T_{75}$.

4. Aufgabe: a) Zeichne in der Menge {3, 9, 14, 7, 21} ein Pfeildiagramm der Zuordnung „ist Teiler von".
b) Drehe die Pfeilrichtung um. Wie kann man das neue Pfeildiagramm deuten?
Lösung: a) Als Pfeildiagramm ergibt sich: b) Dies ist das Pfeildiagramm der Zuordnung „ist Vielfaches von".

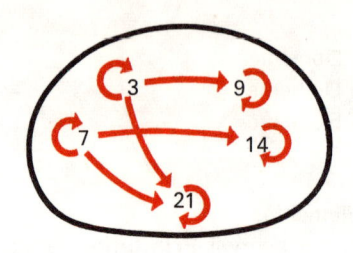

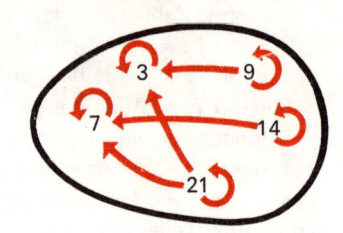

Grundübungen

1) Bestimme die Teilermengen der folgenden Zahlen (Klammerschreibweise). Welche der folgenden Zahlen sind Primzahlen?
   a) 8, 12, 15, 22, 23, 25, 27, 48, 52   b) 6, 14, 32, 36, 40, 50, 55, 63, 67
   c) 100, 120, 64, 75, 39, 26, 33, 45   d) 61, 64, 72, 99, 49, 250, 144, 118, 115

2) Schreibe die Menge aller natürlichen Zahlen von 1 bis 120 übersichtlich auf:
   1   2   3   4   5   6   7   8
   9   10   11 . . . .
   120
   a) Streiche in dieser Menge alle Vielfachen von 2, 3, 5 und 7 — außer den natürlichen Zahlen 2, 3, 5 und 7 selbst. Streiche auch die Zahl 1.
   b) Bilde die Teilmenge aller nicht gestrichenen Zahlen. Beschreibe diese Menge.
   c) Schreibe jetzt die Menge aller natürlichen Zahlen von 1 bis 288 übersichtlich auf und streiche in ihr außer der Zahl 1 noch alle Vielfachen von 2, 3, 5, 7, 11 und 13 — außer den natürlichen Zahlen 2, 3, 5, 7, 11 und 13 selbst. Bilde wieder die Teilmenge aller nicht gestrichenen Zahlen. Beschreibe sie!

Weitere Übungen

3) Zeichne die folgenden Teilermengen als Venn-Diagramm und bilde in ihnen die Menge der Primteile. Welche Teilmengenbeziehung kann man aufschreiben?
   a) $T_5, T_{16}, T_{28}, T_{35}, T_{56}$ b) $T_{10}, T_{32}, T_{56}, T_{70}, T_{112}$
   c) $T_3, T_9, T_{27}, T_{81}, T_{243}$ d) $T_4, T_{16}, T_{64}, T_{256}, T_{1024}$

4) Zeichne jede der folgenden Mengen zweimal als Venn-Diagramm ab. Stelle dann die Zuordnungen „ist Teiler von" und „ist Vielfaches von" in diesen Mengen als Pfeildiagramm dar:
   a) {2, 4, 6, 18}   b) {2, 4, 6, 8}   c) {2, 4, 6}
   d) {1, 2, 3}   e) {7, 3, 49, 27}   f) {7, 3, 14, 21, 28}
   g) {7, 14, 21, 28}   h) {9, 12, 15, 18}   i) {1, 2, 3, 4, 5, 6, 7, 8, 9, 10}

5) a) Schreibe die Menge der ersten 10 Primzahlen auf.
   b) Multipliziere die ersten 2 (3, 4, 5, 6, 7, 8, 9, 10) Elemente miteinander und addiere zum Produkt die Zahl 1. Was für Zahlen entstehen?

6) Löse Aufgabe 5) für die ersten 15 (20) Primzahlen.

21 Wie erkennt man Teiler?

K 9

Zum Aufbau von Teilermengen ist es wichtig, **Teiler** auch zu erkennen. Dazu dienen die folgenden **Regeln,** die aber nur im Dezimalsystem gelten!
Häufig kann man schon aus der Dezimalschreibweise einer natürlichen Zahl bestimmte Teiler erkennen:

21.1 Die natürlichen Zahlen mit Teiler 10 (100, 1000, 10000, ...)
Diese Zahlen bilden die Mengen V_{10} (V_{100}, V_{1000}, V_{10000}, ...):
V_{10} = {10, 20, 30, 40, 50, 60, 70, 80, 90, 100, 110, 120, ...}
V_{100} = {100, 200, 300, 400, 500, 600, 700, 800, 900, 1000, 1100, 1200, ...}
V_{1000} = {1000, 2000, 3000, 4000, 5000, 6000, 7000, 8000, 9000, 10000, ...}
Hieraus erkennt man folgende **Regel**:

> Eine natürliche Zahl besitzt als Teiler 10 (100, 1000, 10000, ...), wenn ihre Dezimalschreibweise mit mindestens 1 (2, 3, 4, ...) Null(en) endet.

21.2 Die natürlichen Zahlen mit Teiler 2 oder 4
Diese Zahlen bilden die Mengen V_2 bzw. V_4:
V_2 = {2, 4, 6, 8, 10, 12, 14, 16, 18, 20, 22, 24, 26, 28, 30, ... }
V_4 = { 4, 8, 12, 16, 20, 24, 28, ..., 100, 104, 108, 112, 116, 120, 124, 128, ..., 200, 204, 208, 212, 216, 220, 224, 228, ...}

Hieraus erkennt man folgende **Regeln**:

> a) Eine natürliche Zahl besitzt den **Teiler 2**, wenn ihre Dezimalschreibweise mit der Ziffer 0, 2, 4, 6 oder 8 endet.
> b) Eine natürliche Zahl besitzt den **Teiler 4**, wenn die letzten beiden Ziffern 00 oder ein Element von V_4 ergeben.
> c) Jede Zahl, die den Teiler 4 besitzt, besitzt auch den Teiler 2 (aber nicht umgekehrt!).

21.3 Die natürlichen Zahlen mit Teiler 5 oder 25
Diese Zahlen bilden die Mengen V_5 bzw. V_{25}:
V_5 = {5, 10, 15, 20, 25, 30, 35, 40, 45, 50, 55, 60, 65, 70, 75, 80, 85, 90, 95, 100, ...}
V_{25} = { 25, 50, 75, 100, 125, 150, 175, 200, 225, 250, 275, ...}

Hieraus erkennt man folgende **Regeln**:

> a) Eine natürliche Zahl besitzt den **Teiler 5,** wenn ihre Dezimalschreibweise mit der Ziffer 0 oder 5 endet.
> b) Eine natürliche Zahl besitzt den **Teiler 25,** wenn ihre Dezimalschreibweise mit den Ziffern 00, 25, 50 oder 75 endet.
> c) Jede Zahl, die den Teiler 25 besitzt, besitzt auch den Teiler 5 (aber nicht umgekehrt!).

21.4 Die natürlichen Zahlen mit Teiler 3 oder 9

> Regeln:
> a) Eine natürliche Zahl hat den Teiler 3 (9), wenn ihre Quersumme (das ist die Summe aller ihrer Ziffern) ein Element von V_3 (V_9) ist.
> b) Jede Zahl, die den Teiler 9 besitzt, besitzt auch den Teiler 3.

Beispiele: Zahl	Quersumme	Teiler 3	Teiler 9
123	$1 + 2 + 3 = 6$; $6 \in V_3$; $6 \notin V_9$	ja	nein
247	$2 + 4 + 7 = 13$; $13 \notin V_3$; $13 \notin V_9$	nein	nein
8064	$8 + 0 + 6 + 4 = 18$; $18 \in V_3$; $18 \in V_9$	ja	ja

Begründung: $8064 = 8 \cdot 999 + 6 \cdot 9 + (8 + 6 + 4)$
$247 = 2 \cdot 99 + 4 \cdot 9 + (2 + 4 + 7)$; $123 = 1 \cdot 99 + 2 \cdot 9 + (1 + 2 + 3)$

21.5 Achtung!
Die in 21.1–4 aufgestellten Teilregeln gelten nur, wenn Zahlen in der Dezimalschreibweise geschrieben sind. In anderen Schreibsystemen gelten andere Teilerregeln (vgl. S. 86).

Aber: Ist ein Teiler einer Zahl erkannt, dann ist er in jedem Schreibsystem Teiler dieser Zahl.
Beispiel: 12 (oder ! 100) hat den Teiler 2. Deshalb hat auch ! 100 (oder 12) diesen Teiler. ! 100 ist ja nur ein anderes „Bild" von 12!

Aufgaben mit Lösungen

1. Aufgabe: a) Bestimme mit Hilfe der aufgestellten Regeln Teiler von 3750!
b) Benütze die gefundenen Teiler, um 3750 in verschiedener Weise als Produkt zu schreiben (3 verschiedene Faktorzerlegungen).
Lösung:
a) Es ergeben sich folgende Teiler von 3750:
    10, weil die letzte Ziffer 0 ist,
    2, weil die letzte Ziffer 0 ist,
    5, weil die letzte Ziffer 0 ist,
    25, weil die letzten beiden Ziffern 50 sind,
    3, weil die Quersumme $15 \in V_3$ ist.
b) $3750 = 10 \cdot 3 \cdot 5 \cdot 25$
$ = 2 \cdot 5 \cdot 3 \cdot 5 \cdot 25$
$ = 2 \cdot 5 \cdot 3 \cdot 5 \cdot 5 \cdot 5$

2. Aufgabe: Setze in die Leerstellen der folgenden Schreibfiguren solche Ziffern ein, daß je eine durch 9 teilbare Zahl entsteht; mache die Probe!
a) 62☐3   b) 5☐68   c) ☐80417
Lösung: a) 6273   Probe: $6 + 2 + 7 + 3 = 18 \in V_9$
          b) 5868   Probe: $5 + 8 + 6 + 8 = 27 \in V_9$
          c) 780417   Probe: $7 + 8 + 0 + 4 + 1 + 7 = 27 \in V_9$

3. Aufgabe: a) Stelle V_7 und V_{21} durch ein Venn-Diagramm dar!
b) Welche Beziehung besteht zwischen V_7 und V_{21}? Welche Teiler-Regel kann man aus dieser Beziehung erhalten?

K 9

Lösung: a)

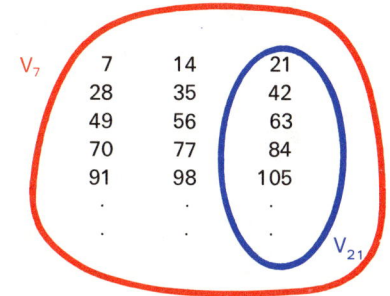

V_7: 7, 14, 21, 28, 35, 42, 49, 56, 63, 70, 77, 84, 91, 98, 105, ...
V_{21}: 21, 42, 63, 84, 105, ...

b) $V_{21} \subset V_7$. Aus dieser Teilmengenbeziehung ergibt sich folgende Teiler-Regel:
Ist eine Zahl durch 21 teilbar, dann ist sie auch durch 7 teilbar.
Beachte aber: Ist eine Zahl durch 7 teilbar, dann ist sie nicht immer auch durch 21 teilbar.

4. Aufgabe: a) Stelle V_2, V_3 und $V_2 \cap V_3$ in einem Venn-Diagramm dar!
b) Welche Teiler besitzen alle Elemente von $V_2 \cap V_3$?
c) Stelle aufgrund von b) eine Teiler-Regel auf!

Lösung: a)

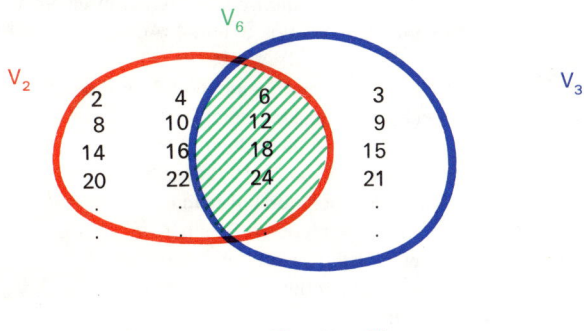

V_2: 2, 4, 8, 10, 14, 16, 20, 22, ...
V_6 (Schnittmenge): 6, 12, 18, 24, ...
V_3: 3, 9, 15, 21, ...

$$V_2 \cap V_3 = V_6$$

b) Die Elemente der Durchschnittmenge besitzen die Teiler 2, 3 und 6.
c) Regel: 1) Ist eine Zahl durch 2 und 3 teilbar, so ist sie auch durch 6 teilbar.
2) Ist eine Zahl durch 6 teilbar, dann ist sie auch durch 2 und 3 teilbar.

Grundübungen

Bestimme mit Hilfe der Teiler-Regeln möglichst viele Teiler der folgenden Zahlen. Benütze die gefundenen Teiler, um jede Zahl in verschiedener Weise als Produkt zu schreiben:
a) 144, 346, 499, 603, 288, 306, 360, 365, 600, 750
b) 65, 236, 374, 54, 465, 570, 735, 940, 816, 2400
c) 4000, 938, 5800, 762, 924, 1284, 12725, 4500, 2416, 725
d) 1900, 1912, 1914, 1968, 1970, 1972, 1984, 1986, 1990, 2000

2) Setze in die Leerstellen der folgenden Schreibfiguren solche Ziffern ein, daß
   a) eine durch 2 teilbare Zahl entsteht. Probe!
      63☐ ; 120☐☐ ; 362☐ ; 4773☐ ; 12☐9☐ ; 31☐☐☐ ; 3☐1☐.
   b) eine durch 3 teilbare Zahl entsteht. Probe!
      4☐ ; 3☐8 ; 21☐77 ; 284☐7 ; 93☐☐9 ; 11☐5☐6 ; 7397☐.
   c) eine durch 4 teilbare Zahl entsteht. Probe!
      91☐ ; 9☐ ; ☐84 ; 32☐8 ; 4773☐ ; 603157☐ ; 8438☐.
   d) eine durch 5 teilbare Zahl entsteht. Probe!
      8☐ ; 44☐ ; 4☐5 ; 928☐ ; 367☐☐ ; 3☐68☐ ; 12☐7☐☐.
   e) eine durch 6 teilbare Zahl entsteht. Probe!
      2☐ ; 7☐ ; 3☐6 ; 73☐ ; 43☐6 ; 43 2☐8 ; 2341☐68.
   f) eine durch 9 teilbare Zahl entsteht. Probe!
      63☐ ; 120☐☐ ; 362☐ ; 4773☐ ; 12☐9☐ ; 31☐ ☐☐ ; 3☐1☐.
   g) eine durch 12 teilbare Zahl entsteht. Probe!
      7☐ ; 3☐24 ; 6☐☐8 ; 126☐☐ ; 73☐16 ; 872☐36 ; 23☐7☐.
   h) eine durch 25 teilbare Zahl entsteht. Probe!
      17☐ ; 2☐5 ; 2☐0 ; 235☐ ; 337☐ 330☐ ; 624☐3☐5.

Weitere Übungen

3) Stelle die folgenden Mengenpaare und ihre Durchschnittsmenge in einem Venn-Diagramm dar. Welche Teiler-Regel kann man dem Bild entnehmen? (Vgl. 3. und 4. Aufgabe auf S. 85.)
   a) V_3 ; V_6 b) V_3 ; V_5 c) V_3 ; V_{15} d) V_5 ; V_9 e) V_4 ; V_{16}

4) Welche der folgenden Aussagen sind falsch, welche richtig? Begründe die Antwort!
   a) Eine Zahl, die durch 3 und 5 teilbar ist, ist auch durch 15 teilbar.
   b) Eine Zahl, die durch 3 und 5 teilbar ist, ist auch durch 8 teilbar.
   c) Eine Zahl, die durch 4 teilbar ist, ist auch durch 16 teilbar.
   d) Eine Zahl, die durch 16 teilbar ist, ist auch durch 4 teilbar.
   e) Eine Zahl, die durch 45 teilbar ist, ist auch durch 9 teilbar.
   f) Eine Zahl, die durch 2 und 4 teilbar ist, ist auch durch 8 teilbar.
   g) Eine Zahl, die durch 8 teilbar ist, ist auch durch 2 und 4 teilbar.

5) Eine Zahl ist im Zweiersystem geschrieben.
   a) Wann ist sie ungerade?
   b) Wann ist sie durch 2 (4, 8, 16, 32, 64, 128) teilbar?

6) Eine Zahl ist im Dreiersystem geschrieben. Wann ist sie durch 3 (9, 27, 81) teilbar?

7) Vergleiche Aufgabe 5 und 6.
   Was ergibt sich?

8) Vergleiche 21.1 mit Aufgabe 5 und 6.
   Was ergibt sich?

9) Welche der auf Seite 83 genannten Teilerregeln lassen sich „umkehren"?

Oase 5

I. Wir verwenden unsere Kenntnisse
Einfache Anwendungen

1) Ein kurzes Pendel und ein längeres werden zur gleichen Zeit losgelassen. Das kürzere pendelt in einer Minute 32mal, das längere 24mal hin und her.
   Nach wieviel Hin- und Herschwingungen befinden sich beide Pendel zum erstenmal gleichzeitig wieder am Ausgangspunkt?

2) Drei verschieden lange Pendel benötigen für eine Hin- und Herschwingung je 3 sec, 4 sec und 5 sec. Sie werden gleichzeitig losgelassen.
   a) Wie viele Hin- und Herschwingungen führt jedes Pendel in einer Minute aus?
   b) Sind diese Pendel kürzer oder länger als die Pendel in Aufgabe 1?
   c) Wann sind das erste und dritte (erste und zweite, zweite und dritte, alle 3) Pendel zum erstenmal wieder zusammen in der Ausgangsstellung?

3) Rudi, Eva, Inge und Mark sind begeisterte Tennisspieler. Allerdings haben sie nicht gleich viel Zeit dafür. Rudi geht alle 4 Tage, Eva alle 5 Tage, Inge alle 8 Tage und Mark alle 10 Tage zum Training.
   a) In welchen Zeitabständen können Rudi und Eva (Eva und Inge, Mark und Inge, Rudi und Mark, Eva und Mark, Rudi und Inge) zusammen spielen?
   b) In welchen Zeitabständen treffen je drei dieser Gruppe zusammen?
   c) In welchen Zeitabständen können sie ein „gemischtes Doppel" spielen?

4) Herr Frei und Herr Sommer sind Taxifahrer am gleichen Taxistand in Hamburg. Herr Frei schaltet alle 5 Tage, Herr Sommer alle 6 Tage einen Ruhetag ein. Gestern, Samstag, den 1. August, hatten beide ihren Ruhetag.
   a) An welchem Datum und Wochentag haben sie den übernächsten gemeinsamen Ruhetag?
   b) Wann haben sie an einem Sonntag (Samstag) gemeinsamen Ruhetag?

5) Zeichne die folgenden Mengen durch Venn-Diagramme in richtiger Lage zueinander:
   H: die Menge aller Menschen,
   A: die Menge aller Amerikaner,
   F: die Menge aller Franzosen,
   K: die Menge aller Filmschauspieler,
   S: die Menge aller Sänger.
   a) Gib 4 Teilmengenbeziehungen an.
   b) Beschreibe folgende Mengen in Worten:
   $A \cap S$; $A \cap K$; $A \cap F$; $F \cap K$; $F \cap S$; $K \cap S$; $S \cap A$; $K \cap A$; $F \cap A$; $K \cap F$; $S \cap F$; $S \cap K$; $H \cap A$; $H \cap F$; $H \cap K$; $H \cap S$; $H \cap H$.
   c) Beschreibe folgende Mengen in Worten (die Klammern bedeuten, daß ihr Inhalt zuerst zu berechnen ist):
   $(A \cap K) \cap S$; $(F \cap K) \cap S$; $A \cap (K \cap S)$; $F \cap (K \cap S)$.
   d) Gib mit Hilfe des Zeichens $\in$ an, von welchen der obigen Mengen die folgenden Personen Elemente sind: Kennedy, Tito, Napoleon, Julius Caesar, Brigitte Bardot, Picasso, de Gaulle, Karl der Große, Benjamino Gigli, der Schah von Persien, eine Person P mit einem amerikanischen und französischen Paß, Jean Claude Killy.

Weitere Anwendungen

) Zeige an Mengenbildern, daß gilt:
   a) $A \cap B = B \cap A$ (Kommutativgesetz)
   b) $(A \cap B) \cap C = A \cap (B \cap C)$ (Assoziativgesetz)

7) In einer Schule von 315 Schülern gibt es 3 Klubs: den „Film-Klub", den „Schlager-Klub" und den „Theater-Klub". Jeder Schüler muß zu mindestens einem dieser Klubs gehören.
   a) Zeichne ein Mengenbild der Schule und der 3 Klubs.
   b) 153 Schüler sind nur in einem Klub eingeschrieben, davon 70 im „Theater-Klub" und 40 im „Film-Klub". 25 Schüler sind gleichzeitig in allen 3 Klubs eingeschrieben.
   Der „Film-Klub" hat 130 Mitglieder, von denen keiner im „Theater-Klub" ist, der nicht auch gleichzeitig zum „Schlager-Klub" gehört.
   Wie viele Schüler umfaßt der „Theater-Klub" und wie viele der „Schlager-Klub"?
8) Eine Zahl und ihre Teiler lassen sich häufig hübsch anordnen.
   Beispiele: a) 4 hat die Teiler 4, 2 und 1.
   Teilerdiagramm: 4 ← 2 ← 1,
   dabei bedeutet der Pfeil „ist Teiler von".
   b) Teilerdiagramm von 6:

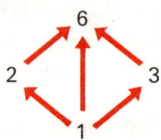

   Aufgaben: Zeichne für folgende Zahlen je ein Teilerdiagramm:
   a) 7   b) 9   c) 16   d) 64   e) 81
   f) 15   g) 18   h) 24   i) 36   k) 121
9) Auch bei natürlichen Zahlen, die im Zweiersystem geschrieben sind, kann man die Quersumme bilden. Gib bei jeder der folgenden Zahlen an, ob die Quersumme gerade oder ungerade ist: 10, 1101, 1101, 10101, 100110, 110101, 11010, 11111, 1100110110.
10) Elektronische Rechengeräte („Computer") benützen häufig Zahlen im Zweiersystem. Wenn ihnen eine solche Zahl eingegeben wird, dann fügen sie ihr am Schluß eine „Prüfstelle" an. Diese Stelle wird automatisch so mit einer Ziffer 1 oder 0 besetzt, daß die Quersumme der Gesamtzahl gerade ist.
   Beispiel: 1011 hat eine ungerade Quersumme. Der Computer merkt sich: 10111, wobei die letzte Ziffer auf der Prüfstelle sitzt.
   Welche Ziffer wird bei den folgenden Zahlen auf die Prüfstelle gesetzt: 10, 1101, 11011, 10101, 10011, 110101, 110101, 11111, 110110101, 100, 1010, 1101111, 111110, 110101011, 1110101101, 1101101111.

II. Basteln und Spielen mit einer Taschenlampenbatterie, Draht und Lämpchen

1) Wir basteln uns auf einem Holzbrett folgende elektrische Anlage mit 2 Unterbrecherstücken:

   Jetzt legen wir einen Zettel so hin, daß die beiden Fragen an die Unterbrecherstücke, die Antwort an das Lämpchen kommt.

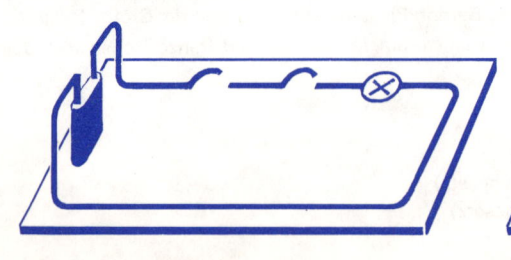

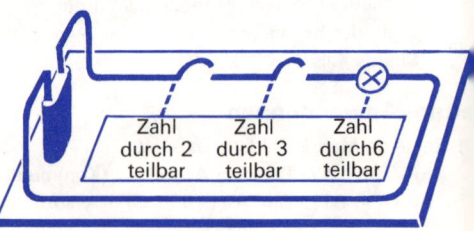

Wir denken uns jetzt die Zahl 24. Da sie durch 2 teilbar ist, drücken wir den Draht des 1. Unterbrecherstücks auf den weiterführenden Draht. Da 24 auch durch 3 teilbar ist, verfahren wir beim 2. Unterbrecherstück genauso. Jetzt leuchtet das Lämpchen auf: es sagt uns, daß 24 auch durch 6 teilbar ist.

Jetzt denken wir uns die Zahl 14. Hier darf nur das 1. Unterbrecherstück geschlossen werden. Das Lämpchen leuchtet nicht: also ist 14 **nicht** durch 6 teilbar.

Verfahre entsprechend für die Zahlen 15 und 33.

Du hast bemerkt, daß wir eine kleine „Denkmaschine" gebastelt haben. Mit ihr können wir auch das Ampelspiel aus Oase 3 spielen.

2) Wenn ihr andere Frage-Antwort-Zettel hinlegt und euch verschiedene Zahlen denkt, kann die Maschine noch mehr leisten, zum Beispiel:

a)

Ist Zahl Primzahl?	Liegt sie zwischen 30 und 36?	Die Zahl heißt 31

b)

Ist Zahl ungerade?	Ist Zahl durch 2 teilbar?	Du kannst nicht rechnen!

c)

Ist Zahl $\in V_4$?	Ist Zahl $\in V_6$?	Zahl ist $\in V_{12}$

d)

Ist Zahl durch 7 teilbar?	Liegt sie zwischen 10 und 20?	Zahl heißt 14

3) Wenn man bei den Ampelspielen in Oase 3 die Straßen als Drähte auffaßt, die Ampeln als Unterbrecherstücke und das Ziel als Lampe, dann können diese Spiele auch als „elektrische Denkspiele" gemacht werden.

4) Auch die gedankenlesende Maschine aus Oase 4 kann man elektrisch bauen:

a) Modell:

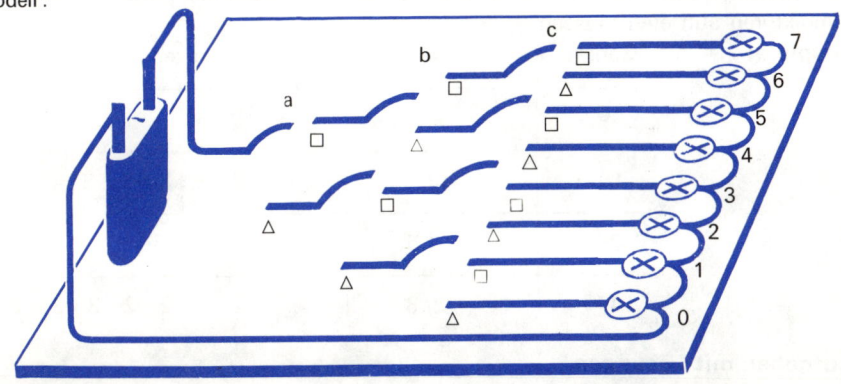

Das Modell hat 3 Unterbrecherreihen a, b und c.

b) Arbeitsweise (vgl. Oase 4):

Unterbrecherreihe a stellt die Frage: „Ist die Zahl größer als 3?"
Unterbrecherreihe b stellt die Frage: „Ist der 4er-Rest größer als 1?"
Unterbrecherreihe c stellt die Frage: „Ist die Zahl ungerade?"

Wird eine Frage mit „Ja" beantwortet, wird der Draht des Unterbrechers mit dem nächstliegenden Draht verbunden, der ein □ trägt; bei „Nein" wird mit dem nächstliegenden Draht mit einem △ verbunden. Nach Beantwortung aller 3 Fragen leuchtet genau ein Lämpchen auf. Seine Nummer gibt die gedachte Zahl.

22 Primfaktorzerlegung natürlicher Zahlen

In diesem Lernabschnitt wollen wir unsere Kenntnisse über **Teiler, Faktorzerlegung, Potenzen** und **Primzahlen** noch weiter verfestigen!

22.1 Primfaktorzerlegung. Jede natürliche Zahl größer als 1, die keine Primzahl ist, läßt sich als Produkt von zwei natürlichen Zahlen größer als 1 schreiben. Damit erhalten wir zu jeder natürlichen Zahl eine **Faktorzerlegung**.

Sind die Faktoren dieser Zerlegung noch keine Primzahlen, so lassen sie sich weiter zerlegen, bis schließlich eine Zerlegung vorliegt, die nur Primfaktoren enthält.

Eine Produktdarstellung einer natürlichen Zahl durch lauter Primfaktoren heißen wir eine **Primfaktorzerlegung** dieser Zahl.

Beispiel: $225 = 9 \cdot 25$ Erste Zerlegung von 225 in 2 Faktoren
$\qquad\qquad\quad = 3 \cdot 3 \cdot 25$ 9 wird in Primfaktoren zerlegt
$\qquad\qquad\quad = 3 \cdot 3 \cdot 5 \cdot 5$ 25 wird in Primfaktoren zerlegt
$\qquad\qquad\quad = 3^2 \cdot 5^2$ **Primfaktorzerlegung von 225** (in Potenzschreibweise), wobei die Faktoren der Größe nach geordnet sind.

Beachte: Jeder Faktor ist auch Teiler von 225! Kennt man Teiler von 225, so findet man auch Faktorzerlegungen von 225!

22.2 In der Primfaktorzerlegung einer Zahl kommen alle Primteiler dieser Zahl u. U. mehrmals vor. Kennt man die Primteiler einer Zahl, so kann man aus ihnen die Primfaktorzerlegung dieser Zahl herstellen. Dabei ist noch auszuprobieren, wie oft (in welcher Potenz also) die einzelnen Primfaktoren auftreten müssen.

Beispiele:

Zahl	Primteiler	Primfaktorzerlegung der Zahl
6	2, 3	$2 \cdot 3$
18	2, 3	$2 \cdot 3 \cdot 3 = 2 \cdot 3^2$
25	5	$5 \cdot 5 = 5^2$
144	2, 3	$2 \cdot 2 \cdot 2 \cdot 2 \cdot 3 \cdot 3 = 2^4 \cdot 3^2$

Aufgaben mit Lösungen

1. Aufgabe: Zerlege die folgenden Zahlen zunächst in beliebige Faktoren, zerlege diese weiter und stelle so schließlich die geordnete Primfaktorzerlegung in Potenzform her: a) 363   b) 280

Lösung: a) $\quad 363 \qquad$ oder: $\quad 363 \qquad$ b) $\quad 280 \qquad$ oder: $\quad 280$
$\qquad\qquad = 3 \cdot 121 \qquad\qquad = 11 \cdot 33 \qquad\qquad = 10 \cdot 28 \qquad\qquad = 2 \cdot 140$
$\qquad\qquad = 3 \cdot 11 \cdot 11 \qquad = 11 \cdot 11 \cdot 3 \qquad = 2 \cdot 5 \cdot 28 \qquad\quad = 2 \cdot 2 \cdot 70$
$\qquad\qquad = 3 \cdot 11^2 \qquad\quad = 3 \cdot 11^2 \qquad\quad = 2 \cdot 5 \cdot 2 \cdot 14 \qquad = 2 \cdot 2 \cdot 2 \cdot 35$
$\qquad\qquad\qquad\qquad\qquad\qquad\qquad\qquad\qquad = 2 \cdot 5 \cdot 2 \cdot 2 \cdot 7 \quad = 2 \cdot 2 \cdot 2 \cdot 5 \cdot 7$
$\qquad\qquad\qquad\qquad\qquad\qquad\qquad\qquad\qquad = 2 \cdot 2 \cdot 2 \cdot 5 \cdot 7$
$\qquad\qquad\qquad\qquad\qquad\qquad\qquad\qquad\qquad = 2^3 \cdot 5 \cdot 7 \qquad\qquad = 2^3 \cdot 5 \cdot 7$

2. Aufgabe: a) Bestimme zunächst alle Teiler von 116 und hieraus die Primteiler von 116!
b) Stelle mit Hilfe der Primteiler eine Primfaktorzerlegung von 116 her!
Lösung: a)

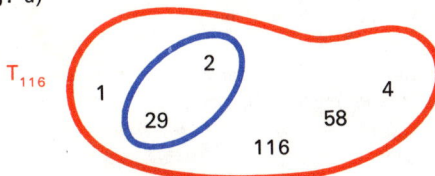

T_{116}: 1, 2, 4, 29, 58, 116

Die Primteiler von 116 sind die Zahlen 2 und 29.

K 10

b) Primfaktorzerlegung von 116: $116 = 2 \cdot 2 \cdot 29$
$ = 2^2 \cdot 29$

3. Aufgabe: a) Bestimme zunächst alle Teiler von 60 und hieraus die Primteiler von 60!
b) Zeige, daß sich alle Teiler von 60, die nicht Primzahlen sind, als Produkte dieser Primteiler herstellen lassen.
Lösung: a)

T_{60}: 1, 2, 3, 4, 5, 6, 10, 12, 15, 20, 30, 60

Die Primteiler von 60 sind die Zahlen 2, 3 und 5.

b)
$4 = 2 \cdot 2 \qquad\qquad 6 = 2 \cdot 3 \qquad\qquad 10 = 2 \cdot 5$
$12 = 2 \cdot 2 \cdot 3 \qquad 15 = 3 \cdot 5 \qquad\qquad 20 = 2 \cdot 2 \cdot 5$
$30 = 2 \cdot 3 \cdot 5 \qquad\qquad\qquad\qquad\qquad 60 = 2 \cdot 2 \cdot 3 \cdot 5$

Grundübungen

Zerlege die folgenden Zahlen zunächst in beliebige Faktoren, zerlege diese weiter und stelle so schließlich die geordnete Primfaktorzerlegung in Potenzform her:
a) 49, 48, 45, 32, 36, 42   b) 60, 52, 57, 56, 54, 58
c) 98, 90, 80, 64, 72, 75   d) 104, 128, 125, 117, 120, 121
e) 280, 195, 65, 90, 91, 92   f) 136, 196, 140, 144, 161, 175
g) 118, 868, 748, 539, 324, 486   h) 497, 285, 384, 657, 810, 672

Bestimme zu den folgenden Zahlen die Menge aller ihrer Teiler und ihre Primteiler. Stelle dann aus den Primteilern je die Primfaktorzerlegung der gegebenen Zahlen her (vgl. 2. Aufgabe, S. 91):
a) 36   b) 25   c) 125   d) 98   e) 1210
f) 750   g) 55   h) 143   i) 187   k) 247

Weitere Übungen

Bestimme zu den folgenden Zahlen die Menge aller ihrer Teiler und ihre Primteiler. Stelle dann jeden Teiler, der von 1 und den Primteilern verschieden ist, als Produkt der Primteiler her (vgl. 3. Aufgabe, S. 91):
a) 14   b) 38   c) 54   d) 72   e) 39
f) 125   g) 250   h) 100   i) 50   k) 99

4) Berechne für die folgenden Zahlen, die in Primfaktoren zerlegt sind, alle von 1 verschiedenen Teiler:
   a) $3 \cdot 5 \cdot 7$ b) $2 \cdot 3 \cdot 7$ c) $3 \cdot 11 \cdot 13$ d) $3^2 \cdot 5$ e) $3 \cdot 5^2$
   f) $3^2 \cdot 5^2$ g) $3 \cdot 5 \cdot 7^2$ h) $3 \cdot 5^2 \cdot 7$ i) $3 \cdot 5^2 \cdot 7^2$ k) $3^2 \cdot 5^2 \cdot 7^2$

5) Bilde (in Klammerschreibweise) die Menge aller natürlichen Zahlen, die
   a) zwischen 30 und 40 liegen und Primzahlen sind,
   b) zwischen 1 und 20 (30, 40, 50, 100) liegen und nur die Primteiler 3 und 5 besitzen,
   c) zwischen 1 und 30 (50, 100) liegen und nur den Primteiler 2 besitzen,
   d) zwischen 1 und 100 liegen und durch 9 sowie 2 teilbar sind,
   e) kleiner als 80 sind und nur den Primteiler 5 besitzen,
   f) kleiner als 200 sind und nur den Primteiler 7 besitzen,
   g) kleiner als 100 sind und nur die Primteiler 2 und 7 besitzen,
   h) kleiner als 30 sind und nur die Primteiler 7 und 11 besitzen.

6) Zeichne für die folgenden Mengen je ein Pfeildiagramm der Zuordnung „ist Primteiler von":
   a) {2, 4, 3, 9}   b) {3, 18, 7, 21}   c) {39, 3, 13}   d) {3, 5, 7, 11}
   e) {3, 4, 5, 6, 7, 8, 9, 10, 11}

23 Wir schneiden Teilermengen

Jetzt haben wir unsere Kenntnis der Teilbarkeitslehre genügend vertieft: Wir verknüpfen nun **Mengen von Teilern** durch das „**Schneiden**" und gelangen so zu den **gemeinsamen Teilern**.

23.1 Gemeinsame Teiler. Schneiden wir zwei Teilermengen, so sind die Elemente der Durchschnittsmenge Teiler von zwei natürlichen Zahlen (genauer: von einem Paar natürlicher Zahlen). Wir nennen diese Elemente auch „**die gemeinsamen Teiler**" der beiden Zahlen.

Beispiel: $T_{36} = \{1, 2, 3, 4, 6, 9, 12, 18, 36\}$

$T_{48} = \{1, 2, 3, 4, 6, 8, 12, 16, 24, 48\}$

$T_{36} \cap T_{48} = \{1, 2, 3, 4, 6, 12\} = T_{12}$

$T_{36} \cap T_{48} = \{1, 2, 3, 4, 6, 12\}$

Die Elemente der Durchschnittsmenge, also die Zahlen 1, 2, 3, 4, 6, und 12 sind die gemeinsamen Teiler von 36 und 48. Sie bilden die Menge T_{12}.

23.2 GgT. Unter den gemeinsamen Teilern von zwei natürlichen Zahlen gibt es eine größte Zahl. Diese nennen wir „**den größten gemeinsamen Teiler**" (kurz: ggT) der beiden Zahlen.

Beispiel: Unter den gemeinsamen Teilern von 36 und 48, also den Zahlen 1, 2, 3, 4, 6 und 12, gibt es eine größte, nämlich 12.

12 ist der größte gemeinsame Teiler von 36 und 48.

23.3 Teilerfremde Zahlen. Besitzen zwei natürliche Zahlen als ggT die Zahl 1, so nennen wir sie **teilerfremde Zahlen**.
Beispiel: 4 und 5 sind teilerfremd, da ihr ggT = 1 ist.

Aufgaben mit Lösungen

1. Aufgabe: a) Bestimme die gemeinsamen Teiler von 75 und 135, sowie aus ihnen den größten gemeinsamen Teiler von 75 und 135.
b) Zeichne ein beschriftetes Venn-Diagramm der auftretenden Teilermengen!

Lösung: a) Um die gemeinsamen Teiler von 75 und 135 zu erhalten, müssen wir $T_{75} \cap T_{135}$ bilden:

$$T_{75} = \{1, 3, 5, 15, 25, 75\}$$
$$T_{135} = \{1, 3, 5, 9, 15, 27, 45, 135\}$$

$$T_{75} \cap T_{135} = \{1, 3, 5, 15\} = T_{15}$$

Ergebnis: Die gemeinsamen Teiler von 75 und 135 sind die Zahlen 1, 3, 5 und 15. Sie bilden die Menge T_{15}. Der ggT von 75 und 135 ist 15.

b) Venn-Diagramm:

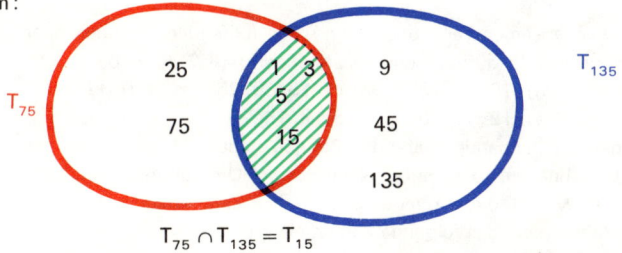

$$T_{75} \cap T_{135} = T_{15}$$

2. Aufgabe: a) Bestimme die gemeinsamen Teiler von 14, 15 und 18 sowie den ggT.
b) Zeichne ein beschriftetes Venn-Diagramm.

Lösung: a)

$$T_{14} = \{1, 2, 7, 14\}$$
$$T_{15} = \{1, 3, 5, 15\}$$
$$T_{18} = \{1, 2, 3, 6, 9, 18\}$$

$$T_{14} \cap T_{15} \cap T_{18} = \{1\} = T_1$$

Ergebnis: Der gemeinsame Teiler ist 1. Er bildet die Menge T_1. Er ist auch der ggT. 14, 15 und 18 sind also 3 teilerfremde Zahlen (sie sind aber paarweise nicht teilerfremd).

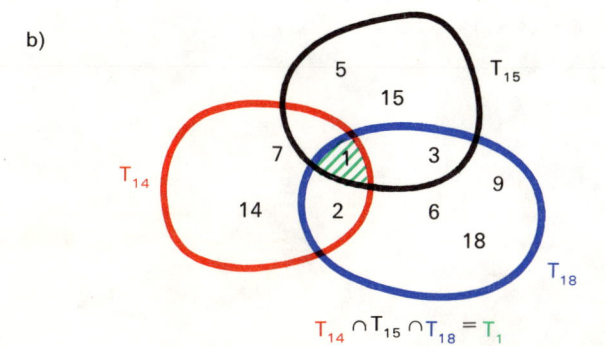

b)

$$T_{14} \cap T_{15} \cap T_{18} = T_1$$

Grundübungen

1) Bestimme die gemeinsamen Teiler und den ggT der folgenden Zahlenpaare. Zeichne für das 1. Beispiel jeder Teilaufgabe auch ein beschriftetes Venn-Diagramm der auftretenden Teilermengen (vgl. 1. Aufgabe, S. 93):
   a) 24, 48 | 21, 35 | 18, 45 | 12, 18 | 22, 55 | 50, 75
   b) 24, 60 | 30, 45 | 15, 20 | 24, 36 | 12, 8 | 36, 54
   c) 81, 63 | 33, 110 | 32, 80 | 60, 84 | 39, 52 | 42, 56
   d) 45, 75 | 28, 35 | 112, 144 | 28, 70 | 29, 58 | 64, 65

2) Schreibe zu jedem der folgenden Zahlenpaare den ggT auf (Kopfrechnen!):
   a) 6, 8 | 14, 16 | 5, 15 | 10, 15 | 25, 50 | 25, 26 | 30, 36
   b) 12, 15 | 21, 28 | 14, 28 | 39, 52 | 78, 104 | 51, 34 | 100, 1001
   c) 6, 11 | 33, 121 | 33, 99 | 3, 13 | 3, 130 | 3, 132 | 3, 213

3) Schreibe zu jedem der folgenden Zahlenpaare den ggT und das kgV auf (Kopfrechnen!):
   a) (6 | 9)   b) (4 | 7)   c) (5 | 3)   d) (12 | 15)
   e) (16 | 20)   f) (18 | 24)   g) (25 | 35)   h) (24 | 48)

Weitere Übungen

4) Bestimme die gemeinsamen Teiler und den ggT der folgenden Zahlengruppen. Zeichne auch ein beschriftetes Venn-Diagramm der auftretenden Teilermengen (vgl. 2. Aufgabe, S. 93):
   a) 6, 8, 10   b) 10, 15, 18   c) 15, 30, 25   d) 12, 15, 9
   e) 18, 24, 30 f) 12, 16, 20   g) 8, 16, 20   h) 12, 18, 24

5) Zwei Zahnräder mit ineinandergreifenden Zähnen haben 22 und 55 Zähne. Wir markieren zwei aneinanderstoßende Zähne mit roter Farbe. Nach wieviel Umdrehungen sind die roten Zähne wieder beieinander? Bastle ein Modell dieser oder einer ähnlichen Zahnradanlage!

6) Nenne je ein Zahlenpaar, das folgende Zahlen als ggT besitzt:
   a) 4   b) 6   c) 18   d) 11   e) 25

7) Nenne je ein Zahlenpaar, das folgende Zahlen als kgV besitzt:
   a) 36   b) 15   c) 27   d) 12   e) 32

8) Auf einer elektrischen Eisenbahnanlage mit Zweizugbetrieb fährt ein Schnellzug und ein Güterzug. Der Schnellzug braucht für eine Runde 12 Sekunden, der Güterzug 20 (21) Sekunden. Beide Züge starten gleichzeitig am Bahnhof. Wann durchfahren sie zu gleicher Zeit den Bahnhof wieder? Wie lange dauert es bis sie 70mal den Bahnhof gleichzeitig durchfahren haben?

D. Ebene Punktmengen

24 Von Punkten und Punktmengen

„Mengen" sind allgegenwärtig — so möchte man fast sagen: Aus „**Punkten**" lassen sich vielerlei „**Punktmengen**" aufbauen, von denen wir zunächst „**Gerade**", „**Halbgerade**" und „**Strecke**" kennenlernen. Weil sie Mengen sind, können wir die erlernte „Mengensprache" auch in diesem Abschnitt, der die „**Geometrie**" eröffnet, verwenden.

24.1 Punkt. Ein wichtiger mathematischer Grundbegriff ist der „**Punkt**". Markierte Stellen (kleine Kreuze, kleine Kreise) auf dem Zeichenblatt benützen wir als Bilder von Punkten.

K 11

Beispiele: 1) 2)

× A ◦ B

Dies ist der Punkt A   Dies ist der Punkt B

24.2 Punktmenge. In früheren Lernabschnitten haben wir aus Zahlen oder Klötzen Mengen gebildet. Auf gleiche Weise können wir mit Hilfe von Punkten Mengen bilden:
Mengen, deren Elemente Punkte sind, nennen wir **Punktmengen.**
Die Punkte sind die Elemente solcher Mengen.
Beispiele:
1)

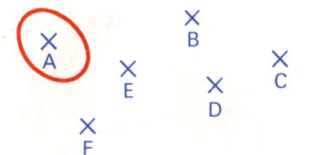

Hier wurde die Menge mit dem Element „Punkt A" gebildet:
{A}
Es gilt z. B.: A ∈ {A}, B ∉ {A}.

2)

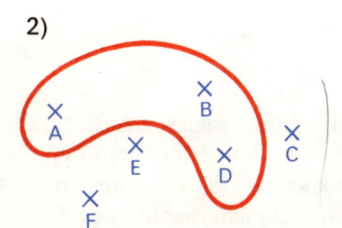

Hier wurde die Menge mit den Elementen „Punkt A, Punkt B, Punkt D" gebildet: {A, B, D}
Es gilt z. B.: D ∈ {A, B, D}; E ∉ {A, B, D}

24.3 Gerade. Eine besonders große Rolle spielen in der Mathematik Punktmengen mit unendlich vielen Elementen. An erster Stelle nennen wir hier die **Gerade.**
Mit dem Lineal gezogene, nach beiden Seiten unbegrenzt fortgesetzt gedachte gerade Linien benützen wir als Bilder von Geraden.
Kleine lateinische Buchstaben benützen wir als Namen von Geraden.

Beispiel:

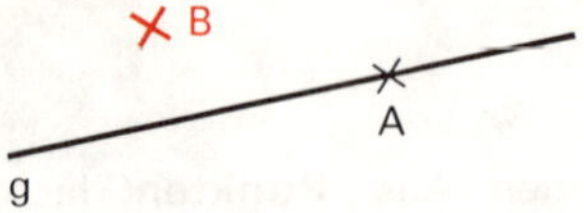

Hier wurde eine Gerade g gebildet.
Es gilt z. B.:
A ∈ g (lies: „A ist Element von g",
    oder: „A liegt auf g",
    oder: „g geht durch A"),
B ∉ g (lies: „B ist nicht Element von g",
    oder: „B liegt nicht auf g",
    oder: „g geht nicht durch B").

24.4 Halbgerade und Strecke. Zu weiteren wichtigen Punktmengen mit unendlich vielen Elementen gelangen wir, wenn wir **Teilmengen einer Geraden** bilden:

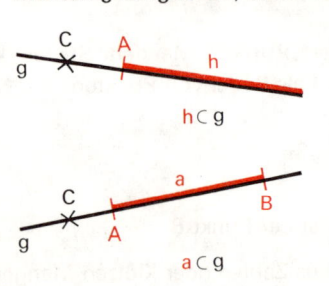

Die rot gezeichnete Teilmenge h der Geraden g nennen wir **Halbgerade** (Strahl).
Sie besitzt einen Anfangspunkt (im Bild den Punkt A), aber keinen Endpunkt. Es gilt z. B.: A ∈ h; C ∉ h.

Die rot gezeichnete Teilmenge a der Geraden g nennen wir **Strecke**.
Sie besitzt zwei Endpunkte (im Bild die Punkte A und B).
Es gilt z. B.: A ∈ a; C ∉ a.

24.5 Bezeichnungen für Geraden, Halbgeraden und Strecken:
a) Alle drei Formen von Punktmengen kann man durch kleine lateinische Buchstaben bezeichnen.
b) Geraden kann man auch durch zwei Punkte bezeichnen, die Elemente der Geraden sind.
Beispiel:

g = CD = DC = EF = FE

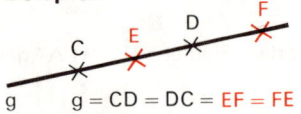

Dies ist die Gerade CD (kurz: CD) oder: Dies ist die Gerade EF (kurz: EF).

c) Strecken kann man durch ihre Endpunkte bezeichnen.
Beispiel:

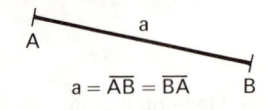

a = $\overline{AB}$ = $\overline{BA}$

Dies ist die Strecke AB (kurz: $\overline{AB}$) oder: Dies ist $\overline{BA}$.

24.6 Orientierte Gerade. Geraden (Halbgeraden, Strecken) können wir als „geradlinige Wege" auffassen. Diese „Wege" können wir jeweils in 2 verschiedenen Richtungen durchlaufen. Haben wir eine solche Durchlaufrichtung festgelegt, so sprechen wir von einer **„orientierten Geraden** (Halbgeraden, Strecke)" und zeichnen sie mit einem Richtungspfeil.
Von 2 Punkten einer orientierten Geraden (Halbgeraden, Strecke) läßt sich immer feststellen, welcher „vor" oder „nach" dem anderen kommt.
Beispiel:

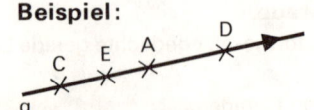

Dies ist eine orientierte Gerade g. Es gilt z. B.:
C „kommt vor" A,
D „kommt nach" E,
E „kommt vor" D.

Aufgaben mit Lösungen

1. Aufgabe: a) Zeichne zwei verschiedene Punkte A und B und bilde dann $\overline{AB}$ bzw. AB.
b) Schreibe eine Teilmengenbeziehung auf.
Lösung:

a)

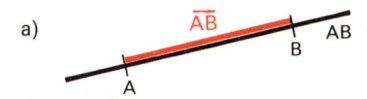

b) $\overline{AB} \subset AB$

2. Aufgabe: a) Zeichne vier verschiedene Punkte A, B, C und D, von denen keine drei auf einer Geraden liegen.
b) Bilde dann alle möglichen Strecken, die je zwei dieser Punkte als Endpunkte besitzen („Verbindungsstrecken").
c) Gib die Bezeichnungen dieser Strecken an.
d) Schreibe für A und B alle möglichen Elementbeziehungen zu den gezeichneten Strecken auf.
Lösung:
a),b)

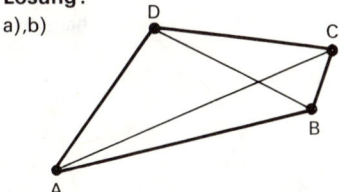

K 11

c) Die Strecken sind:
$\overline{AB}, \overline{BC}, \overline{CD}, \overline{DA}, \overline{AC}, \overline{BD}$.

d) Elementbeziehungen:
1) $A \in \overline{AB}, A \in \overline{AC}, A \in \overline{AD}$
2) $B \in \overline{BA}, B \in \overline{BD}, B \in \overline{BC}$.

3. Aufgabe: Zeichne eine orientierte Gerade g und auf ihr 3 Punkte A, B und C so, daß A vor B kommt und C vor A.
Lösung:

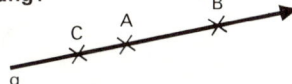

undübungen

rbemerkung: In den kommenden Aufgaben sind häufig Figuren „abzuzeichnen". Dabei fehlen oft — und Absicht — genaue Angaben über Länge, Richtung usw. Wie soll man dann „abzeichnen"? Betrachten wir Beispiel:
Figur   wird von 4 Schülern, Karl, Otto, Eva und Birgit „abgezeichnet":

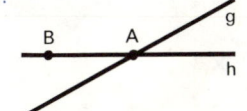

von Eva: Bild von Birgit: 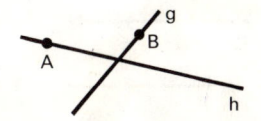   Bild von Karl: 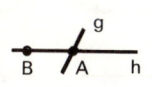   Bild von Otto:

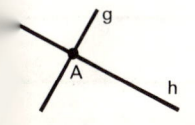

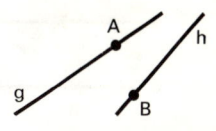

Nur Eva und Karl haben „richtig" abgezeichnet: Punkte, Strecken und Geraden liegen richtig zueinander
Das Bild von Karl ist aber zu klein; zu kleine Figuren sind unübersichtlich!
Warum sind die Bilder von Birgit und Otto nicht richtig abgezeichnet?

Beachte: Als Hilfsmittel zum Zeichnen benützen wir das Geo-Dreieck, wenn nichts anderes gesagt wird

1) Zeichne zwei verschiedene Punkte C und D (G und K; L und R; S und D; X und Y; P und Q; V und W)
   Bilde dann $\overline{CD}$ und DC ($\overline{GK}$ und GK; $\overline{LR}$ und LR; $\overline{SD}$ und SD; $\overline{XY}$ und XY; $\overline{PQ}$ und PQ; $\overline{VW}$ und VW)
   Schreibe jedesmal eine Teilmengenbeziehung auf.

2) Zeichne drei verschiedene Punkte A, B und C (R, S und T; X, Z, U; L, V, T; W, E, R; M, N, P; K, L, F Z, D, F; A, R, D), die nicht auf einer Geraden liegen.
   a) Bilde dann AB und $\overline{AC}$ ($\overline{RT}$ und SR; $\overline{XU}$ und ZX; $\overline{LV}$ und LT und TV; $\overline{WR}$ und $\overline{WE}$ und ER; M und PN; KF und LK; $\overline{ZD}$ und DF und FZ; $\overline{AR}$ und $\overline{DR}$ und $\overline{DA}$).
   b) Von welchen der gezeichneten Strecken und Geraden sind die drei Punkte Elemente und von welche nicht? Verwende das Zeichen $\in$ oder $\notin$.

3) Zeichne vier (fünf) verschiedene Punkte A, B, C, D (R, S, T, U, V).
   a) Bilde dann AB, $\overline{AC}$, BD (RS, $\overline{TV}$, SU, $\overline{VS}$).
   b) Von welchen der gezeichneten Strecken und Geraden sind die vier (fünf) Punkte Elemente und von welchen nicht? Verwende das Zeichen $\in$ oder $\notin$.

4) Zeichne die folgenden Figuren ab und gib für jeden bezeichneten Punkt an, von welchen Geraden Element ist. Verwende das Zeichen $\in$.

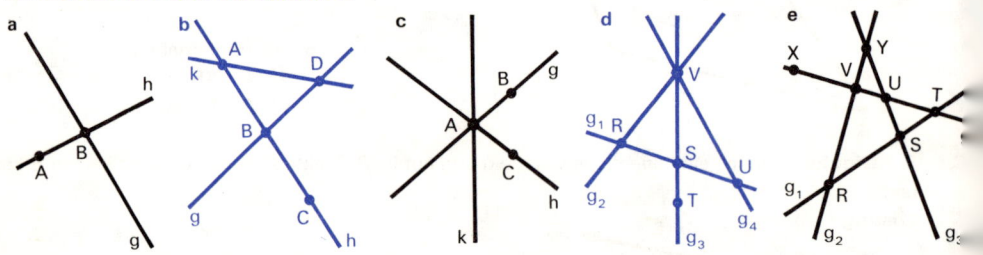

Weitere Übungen

5) Zeichne die folgenden Figuren ab und bilde dann alle möglichen „Verbindungsgeraden" (Verbindungsstrecken) von je zwei Punkten. Wie viele ergeben sich, und wie heißen sie?

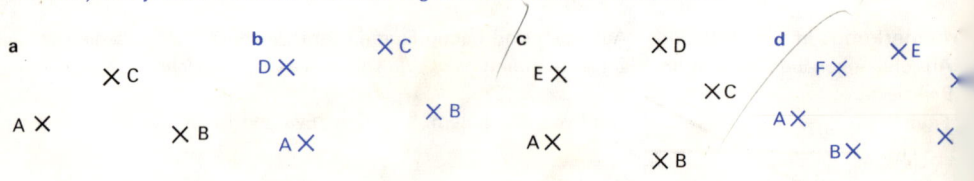

6) Zeichne die folgenden orientierten Geraden ab und schreibe für jedes Punktepaar die Beziehung „kommt vor" („kommt nach") auf:

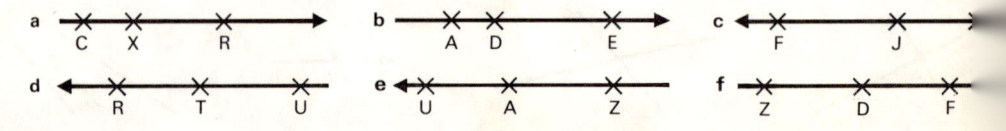

7) Zeichne 5 orientierte Geraden. Trage auf ihnen drei verschiedene Punkte R, T, U so ein, daß
   a) R vor U kommt und T nach U;
   b) U nach T kommt und R nach U;
   c) T nach U kommt und T vor R;
   d) R vor T kommt und R vor U (2 Möglichkeiten!).

8) Bei den folgenden Verkehrsaufgaben kann man genau entscheiden, in welcher Reihenfolge die Fahrzeuge fahren dürfen.
   a) Zeichne jedes der folgenden Bilder ab.
   b) Schreibe unter Benützung der Worte „fährt vor" („fährt nach") auf, in welcher Reihenfolge die Fahrzeuge die Kreuzung durchfahren dürfen:

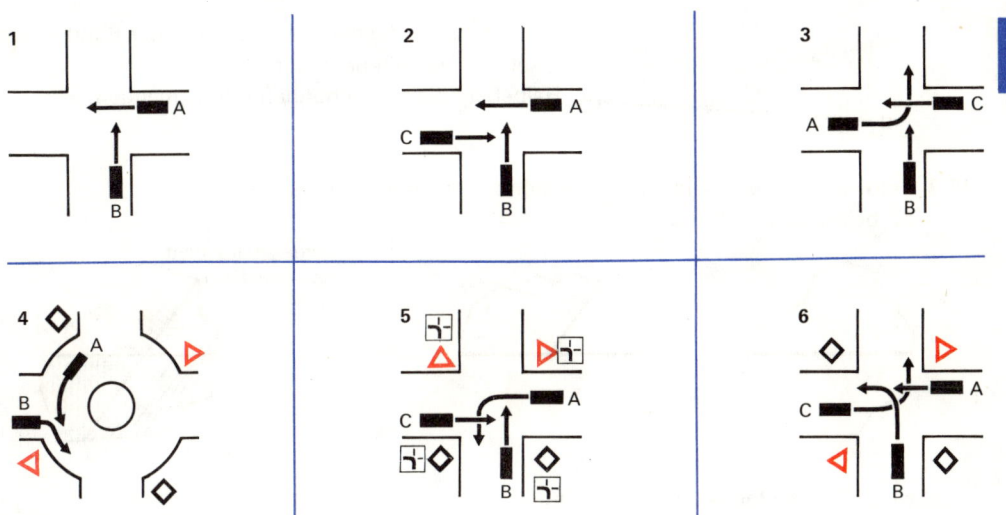

K 11

5 Flächen und Geradenpaare sind Punktmengen

5.1 Ebene. Das Zeichenblatt, auf dem wir zeichnen, ist auch das Bild einer Punktmenge. Es stellt eine flächenhafte Punktmenge, kurz: eine Fläche, dar. Denken wir uns das Zeichenblatt nach allen Seiten unbegrenzt erweitert, so entsteht ebenfalls eine Fläche, eine **Ebene**:

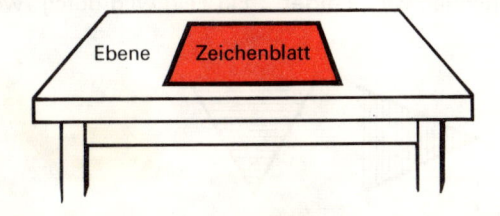

25.2 Halbebene mit Rand. Falten wir eine Ebene (im Bild durch ein unregelmäßiges Stück Papier dargestellt), so erhalten wir eine Gerade, die die Ebene in zwei **Halbebenen** zerlegt.

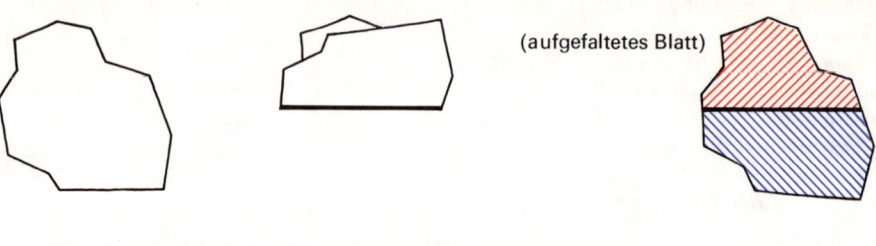

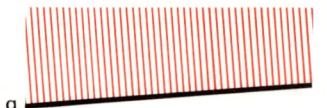

(aufgefaltetes Blatt)

Dies ist das Bild einer Halbebene mit der Randgeraden g.
g soll zur Halbebene gehören.
Halbebenen sind flächenhafte Punktmengen.

25.3 Feld. Eine bereits gefaltete Ebene können wir nochmals falten:
a) beliebige 2. Faltung:

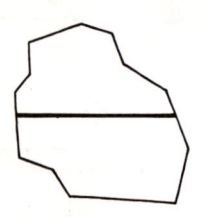

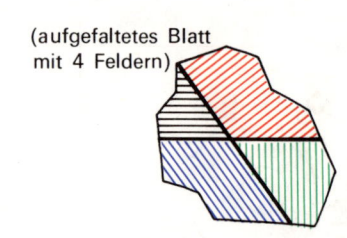

(aufgefaltetes Blatt mit 4 Feldern)

b) 2. Faltung längs der 1. Faltkante:

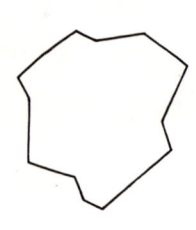

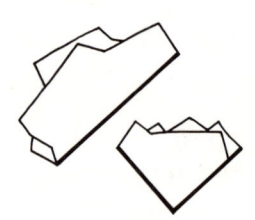

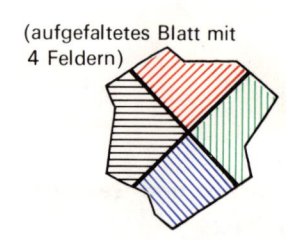

(aufgefaltetes Blatt mit 4 Feldern)

Durch Doppelfaltung erhalten wir Geradenpaare, die die Ebene in 4 Teilmengen zerlegen. Diese Teilmengen nennen wir **„Felder"**. Ein Feld wird durch zwei Halbgeraden begrenzt.

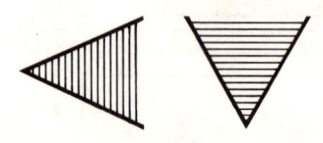

25.4 Geradenpaar und Rechtwinkelkreuz. Die Faltungen in 25.3 führten auf eine weitere wichtige Punktmenge: das „Geradenpaar":

a) In der Ebene gibt es **Paare von Geraden, die ein gemeinsames Element** besitzen:

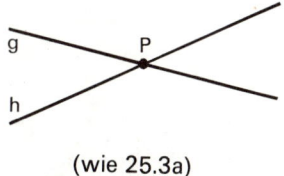

(wie 25.3a)   (wie 25.3b)

In beiden Fällen gilt: P ∈ g und P ∈ h, oder: g ∩ h = {P}.
Wir sagen auch: „g schneidet h in P", oder: „P ist der Schnittpunkt von g und h."

b) Die Geraden des Paars in 25.3b stehen zueinander wie aneinanderstoßende Kanten eines Buches, einer Tür, einer Tafel usw. Wir nennen solche Geradenpaare **Rechtwinkelkreuze** und sagen in diesem Fall:

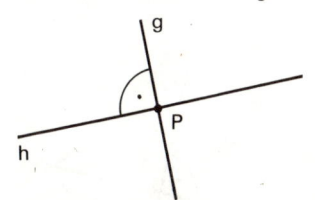

g und h stehen senkrecht aufeinander, kurz: g ⊥ h
oder: h ⊥ g.

K 11

25.5 Parallelenpaar. In der Ebene lassen sich auch Paare von Geraden finden, die kein gemeinsames Element besitzen. Sie verlaufen wie Paare von Eisenbahnschienen, von nicht aneinanderstoßenden Bücherkanten usw. Wir nennen solche Geradenpaare **Parallelenpaare**:

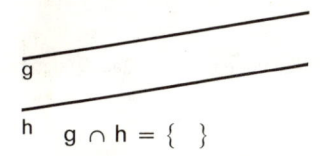

g ∩ h = { }

Wir sagen in diesem Fall:
g und h sind parallel zueinander,
kurz: g ∥ h oder: h ∥ g.

Beachte: Eine Gerade wird zu sich selbst auch als parallel bezeichnet: g ∥ g.

25.6 Streifen. Bildet man bei einem Parallelenpaar die Menge aller Punkte, die auf den Parallelen oder zwischen ihnen liegen, so entsteht eine flächenhafte Punktmenge. Wir nennen sie **Streifen**:

Aufgaben mit Lösungen

1. Aufgabe: Schraffiere an der folgenden Figur — jeweils in einer anderen Farbe — eine Halbebene, ein Feld und einen Streifen:

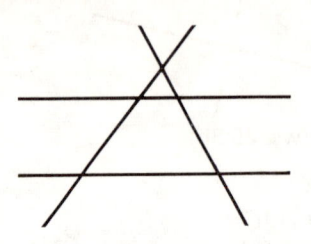

Lösung:

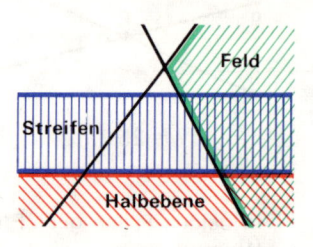

2. Aufgabe: Gegeben ist eine Gerade g und ein Punkt A. Zeichne mit dem Geo-Dreieck eine zweite Gerade h so, daß ein Rechtwinkelkreuz entsteht und A ∈ h ist.
Lösung: Es ergeben sich zwei Fälle:
1) A ∈ g:	2) A ∉ g:

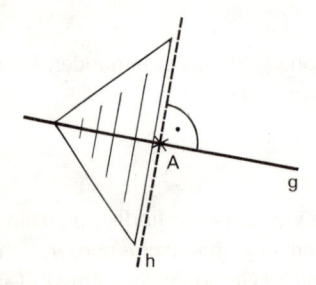

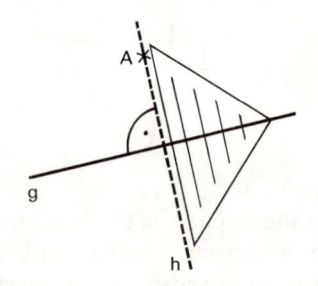

Merke: Wir nennen h „die Senkrechte zu g durch A".

3. Aufgabe: Gegeben ist eine Gerade g und ein Punkt A ∉ g. Zeichne mit dem Geo-Dreieck eine zweite Gerade h so, daß ein Parallelenpaar entsteht und A ∈ h ist.
Lösung:

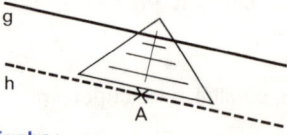

Merke: Wir nennen h „die Parallele zu g durch A".

4. Aufgabe:
a) welche Geraden dieser Figur stehen senkrecht aufeinander?
b) welche Geraden dieser Figur sind parallel zueinander?
c) von welchen Strecken ist der Punkt J Element?

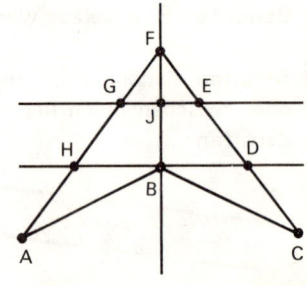

Lösung: a) GE ⊥ FJ, FJ ⊥ HD
b) GE ∥ HD
c) J ∈ $\overline{GE}$, J ∈ $\overline{JG}$, J ∈ $\overline{JE}$, J ∈ $\overline{BF}$, J ∈ $\overline{JF}$, J ∈ $\overline{JB}$;

5. Aufgabe: a) Schreibe für nebenstehende Figur alle Paare von Geraden auf, die parallel zueinander sind:

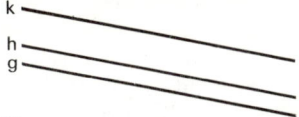

b) Stelle für {g, h, k} ein Pfeildiagramm der Zuordnung „ist parallel zu" her.
Lösung: a) g ∥ h; h ∥ k; g ∥ k; g ∥ g; h ∥ h; k ∥ k

b) Pfeildiagramm der Zuordnung „ist parallel zu"

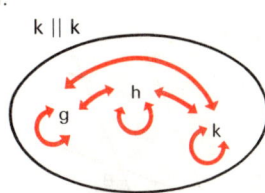

K 11

Grundübungen

1) Zeichne jede der folgenden Figuren ab (eine halbe Heftseite groß). Benütze jede Gerade als Randgerade einer Halbebene. Schraffiere dann (mehrfarbig) so viele Halbebenen, wie Geraden vorkommen.

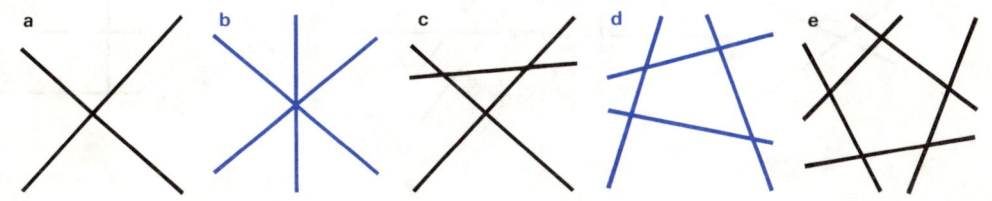

a   b   c   d   e

2) Zeichne die Figuren von Aufgabe 1 nochmals ab. Schraffiere dann (mehrfarbig) so viele Felder, wie in der Figur Geraden vorkommen.

3) Zeichne die folgenden Figuren ab (halbe Heftseite) und schraffiere in jeder von ihr zwei Streifen:

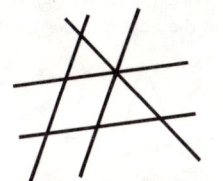

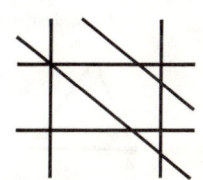

a   b   c

4) Zeichne eine Gerade l und 5 verschiedene Punkte A, B, C, D und E, die nicht auf l liegen. Zeichne mit dem Geo-Dreieck die Senkrechten zu l durch A, B, C, D, E.

Zeichne eine Gerade k und 10 Punkte A_1, A_2, A_3, ... A_{10}, die auf k liegen. Zeichne mit dem Geo-Dreieck die Senkrechten zu k durch A_1, A_2, A_3, ... A_{10}.

Zeichne die folgenden Figuren ab (halbe Heftseite). Zeichne dann mit dem Geo-Dreieck alle Senkrechten zu den vorkommenden Geraden durch die bezeichneten Punkte:

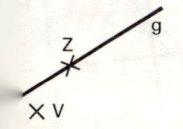

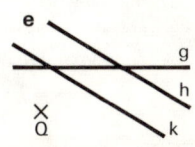

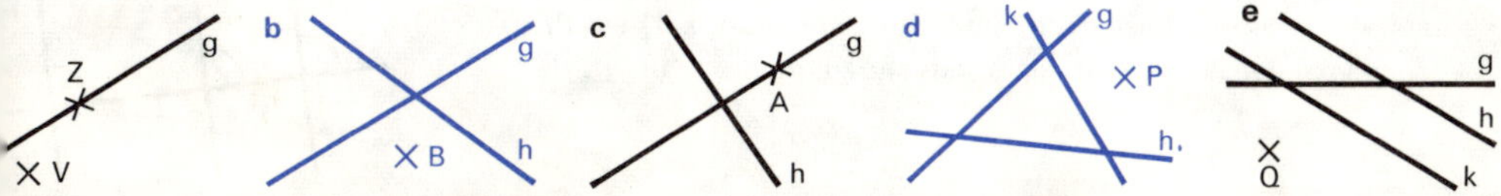

a   b   c   d   e

7) Zeichne eine Gerade h und 5 verschiedene Punkte A, B, C, D und E, die nicht auf h liegen. Zeichne mit dem Geo-Dreieck die Parallelen zu h durch A, B, C, D, E.

8) Schreibe für jede der folgenden Figuren auf, welche Geraden senkrecht aufeinanderstehen und welche zueinander parallel sind. Benütze dabei die Abkürzungen ⊥ bzw. ∥.
Zeichne die Figuren ab!

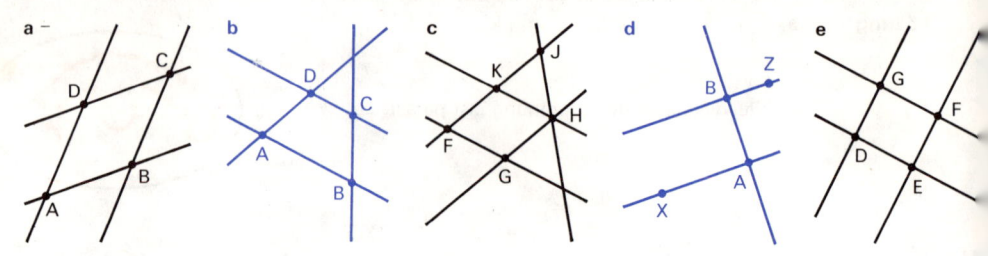

9) Zeichne die folgenden Figuren ab. Zeichne dann mit dem Geo-Dreieck alle Parallelen zu den vorkommenden Geraden durch die bezeichneten Punkte:

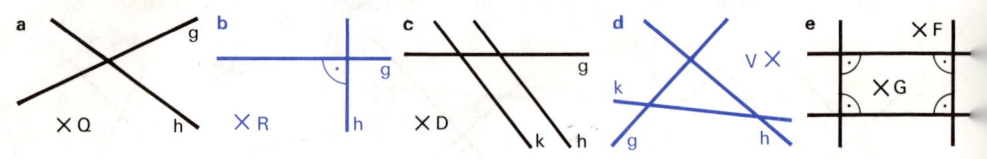

Weitere Übungen

10) a) Zeichne freihändig die folgenden Figuren „in einem Zug" ab, wobei von der Ecke A auszugehen ist. Bezeichne die Ecken in der Reihenfolge des Zeichnens mit B, C, D usw.
b) Zeichne jetzt dieselben Figuren nochmals, wieder von der Ecke A ausgehend, aber mit einer anderen „Durchlaufrichtung". Bezeichne die Ecken in der Reihenfolge des Zeichnens mit B, C, D usw.:

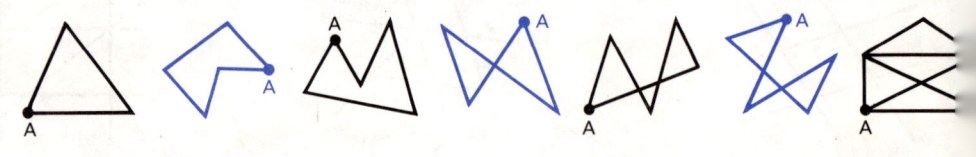

11) Schreibe für nebenstehende Figur alle Paare von Geraden auf, die zueinander parallel sind. Stelle für {g, h, k, l, m} ein Pfeildiagramm der Zuordnung „ist parallel zu" her.

12) Schreibe für die nebenstehende Figur alle Paare von Geraden auf, die zueinander senkrecht sind. Stelle für {g, h, k, l} ein Pfeildiagramm der Zuordnung „ist senkrecht zu" her.

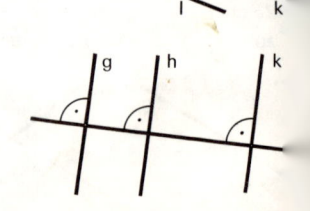

E. Verknüpfen von ebenen Punktmengen

26 Wir „vereinigen" Strecken und andere Mengen

Wie bei den Zahlenmengen beginnen wir nun auch bei den Punktmengen, sie miteinander in Beziehung zu bringen. Zunächst lernen wir, aus Strecken **Streckenzüge** zu bilden. Dies führt uns auf das „**Vereinigen**" von Mengen und auf neue **geometrische Figuren**.

26.1

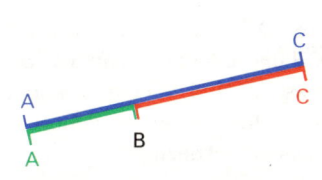

Vereinigung von Strecken. In dieser Figur sind die Strecken $\overline{AB}$ und $\overline{BC}$ „aneinandergehängt" worden.

Aus denjenigen Elementen (Punkten) der Ebene, die zu $\overline{AB}$ **oder** $\overline{BC}$ gehören, bilden wir eine neue Punktmenge, nämlich $\overline{AC}$. (Das Wort „oder" bedeutet hier: Zu $\overline{AB}$ gehörend oder zu $\overline{BC}$ gehörend oder zu beiden gehörend!)

Wir nennen $\overline{AC}$ die **Vereinigungsmenge** von $\overline{AB}$ und $\overline{BC}$ und schreiben:
$\overline{AC} = \overline{AB} \cup \overline{BC}$ (lies: „$\overline{AC}$ gleich $\overline{AB}$ vereinigt mit $\overline{BC}$").

Beachte: Das Zeichen $\cup$ ist vom Zeichen $\cap$ zu unterscheiden! (s. Lernabschnitt 19.)

K 12

Beispiele:

a)

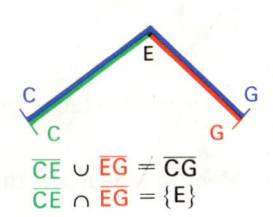

$\overline{CE} \cup \overline{EG} = \overline{CG}$
$\overline{CE} \cap \overline{EG} = \{E\}$

b)

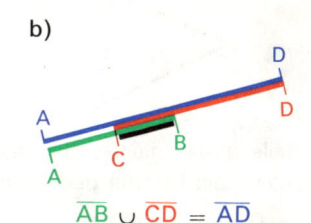

$\overline{AB} \cup \overline{CD} = \overline{AD}$
$\overline{AB} \cap \overline{CD} = \overline{BC}$

26.2 Streckenzug.
Durch Vereinigen von Strecken gelangt man häufig zu sogenannten „Streckenzügen", die „geschlossen" sein können oder nicht.

Beispiele:

a) nicht geschlossener Streckenzug
$\overline{AB} \cup \overline{BC} \cup \overline{CD}$

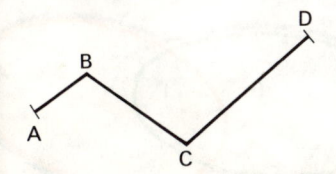

b) geschlossener Streckenzug
$\overline{AB} \cup \overline{BC} \cup \overline{CD} \cup \overline{DE} \cup \overline{EA}$

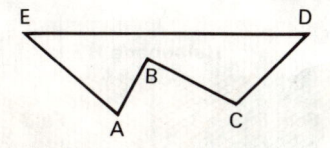

A, B, C, D und E sind die „Ecken" des geschlossenen Streckenzugs.

26.3 Dreieck und Viereck. Mit Hilfe der geschlossenen Streckenzüge können wir wichtige mathematische Figuren herstellen:
  a) **Dreieck:**

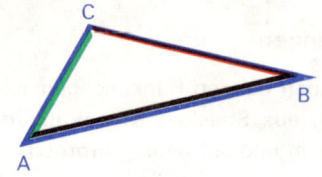

Dreieck ABC = $\overline{AB} \cup \overline{BC} \cup \overline{CA}$
Beachte: $\overline{BC} \cup \overline{CA} \neq \overline{AB}$!
$\overline{AB}$, $\overline{BC}$ und $\overline{CA}$ nennt man die „Seiten" des Dreiecks.

  b) **Viereck:**

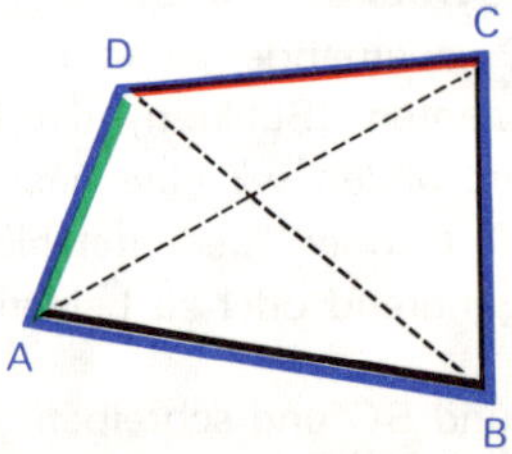

Viereck ABCD = $\overline{AB} \cup \overline{BC} \cup \overline{CD} \cup \overline{DA}$
$\overline{AB}$, $\overline{BC}$, $\overline{CD}$ und $\overline{DA}$ nennt man die „Seiten" des Vierecks, $\overline{AC}$ und $\overline{BD}$ die „Diagonalen" des Vierecks. Die Diagonalen gehören nicht zum Vierecks-Streckenzug!

26.4 Orientierung. Wird bei einem Streckenzug **eine** Durchlaufrichtung (s. Lernabschnitt 24.6) angegeben, so nennen wir ihn „orientierten Streckenzug".
  Beispiele: a) orientiertes Dreieck,   b) orientiertes Fünfeck.

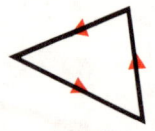

Die Pfeile geben die Durchlaufrichtung an. Bei a) ist die Durchlaufrichtung „gegen den Uhrzeiger", bei b) „mit dem Uhrzeiger".

26.5 Vereinigungsmenge. Um außer Strecken auch andere Mengen vereinigen zu können vereinbaren wir:

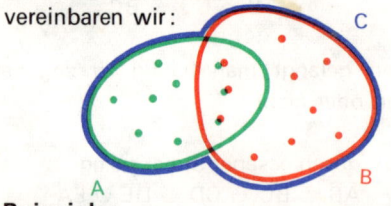

Bilden wir aus denjenigen Elementen von 2 Mengen A und B, die zur einen oder zur anderen Menge (oder zu beiden) gehören, eine neue Menge C, so ist dies die Vereinigungsmenge der 2 Mengen: C = A ∪ B

Beispiele:
  a) Feld I ∪ Feld II = Halbebene HE
  b) $T_{12} \cup T_{35} = \{1, 2, 3, 4, 5, 6, 7, 12, 35\}$

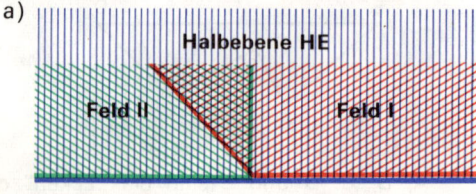

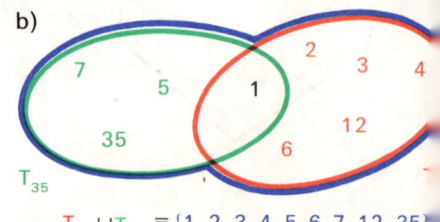

Aufgaben mit Lösungen

1. Aufgabe:

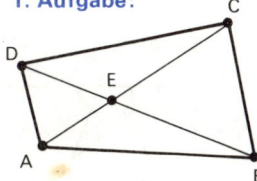

a) In dieser Figur ist $\overline{AC} \cup \overline{BD}$ durch blaue Farbe kenntlich zu machen.
b) Welchen Namen kann man AC ∪ BD (nicht: $\overline{AC} \cup \overline{BD}$!) geben?
c) Berechne auch $\overline{AC} \cap \overline{BD}$.

Lösung: a)

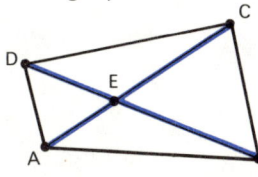

b) AC ∪ BD ist ein Geradenpaar.
c) $\overline{AC} \cap \overline{BD} = \{E\}$.

K 12

2. Aufgabe: Jede der folgenden, blau gekennzeichneten Punktmengen läßt sich als Vereinigungsmenge von 4 Strecken erhalten, deren Endpunkte in den Figuren benannt sind:

a)   b)

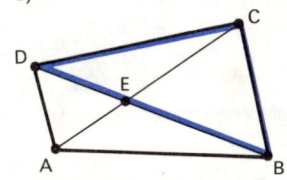

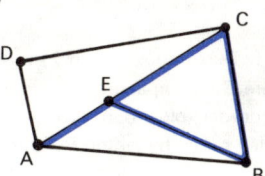

Gib diese Vereinigungsmengen an!
Lösung: a) Die Punktmenge ist
$\overline{BE} \cup \overline{ED} \cup \overline{DC} \cup \overline{CB}$

b) Die Punktmenge ist
$\overline{AE} \cup \overline{EC} \cup \overline{CB} \cup \overline{BE}$.

3. Aufgabe: Bestimme: a) $T_6 \cup T_{12}$ und $T_6 \cap T_{12}$ (mit Venn-Diagramm)
b) $T_{15} \cup T_{27}$ und $T_{15} \cap T_{27}$ (mit Venn-Diagramm)

Lösung:
a)

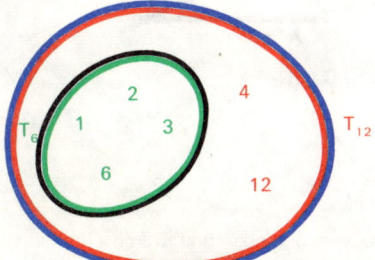

$T_6 \cup T_{12} = T_{12}$
$T_6 \cap T_{12} = T_6$

b)

$T_{15} \cup T_{27} = \{1, 3, 5, 9, 15, 27\}$
$T_{15} \cap T_{27} = T_3$

Grundübungen

1) Zeichne die folgenden Streckenzüge ab und schreibe sie als Vereinigungsmengen:

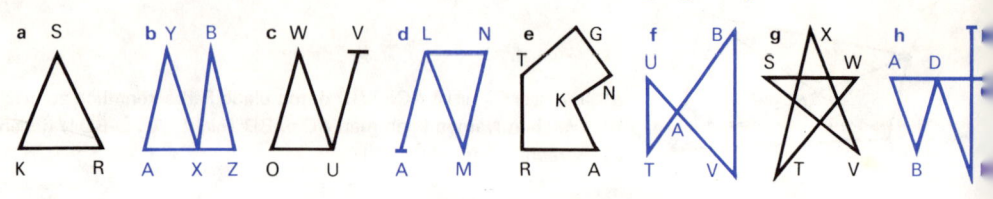

   a, b, c, d, e, f, g, h (Figuren mit benannten Punkten)

2) Hier ist eine Menge von 5 Punkten:

   (Punkte A, B, C, D, E)

   Zeichne jedesmal in einem neuen Bild dieser Menge:
   a) $\overline{EC} \cup \overline{BD}$
   b) $\overline{ED} \cup \overline{CD} \cup \overline{BD}$
   c) $\overline{BC} \cup \overline{CD} \cup \overline{DE} \cup \overline{EB}$
   d) $\overline{BC} \cup \overline{CD} \cup \overline{DE} \cup \overline{EB}$
   e) $\overline{ED} \cup \overline{EB} \cup \overline{DC}$
   f) $\overline{ED} \cup \overline{BC} \cup \overline{EB} \cup \overline{CD}$
   g) $\overline{EC} \cup \overline{CD} \cup \overline{DB} \cup \overline{BE}$
   h) $\overline{EB} \cup \overline{BC} \cup \overline{EC} \cup \overline{CD}$
   i) $\overline{EB} \cup \overline{DC}$
   k) $\overline{AE} \cup \overline{BE}$
   l) $\overline{AB} \cup \overline{BE} \cup \overline{EA}$
   m) $\overline{AE} \cup \overline{BE} \cup \overline{AB}$

3) Bei welchen Teil-Aufgaben von 2) ergibt sich ein Streckenzug? Wann enthält die Figur ein Geradenpaar oder mehrere Geradenpaare?

4) Schreibe jede der folgenden, dick gekennzeichneten Punktmengen als Vereinigungsmenge von Strecken bzw. Geraden durch benannte Punkte:

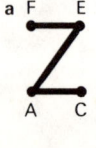

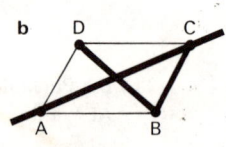

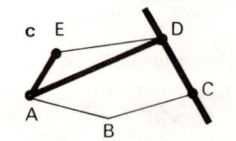

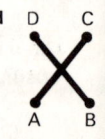

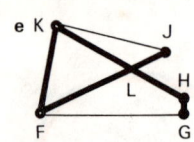

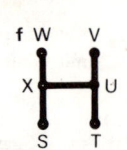

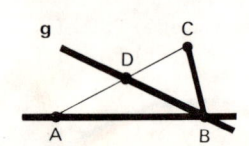

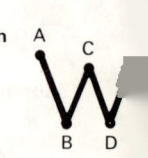

   a, b, c, d, e, f, g, h (Figuren mit benannten Punkten)

5) Bestätige an Beispielen, daß für beliebige Mengen A, B, C gilt:
   $A \cup B = B \cup A$; $A \cup (B \cup C) = (A \cup B) \cup C$.

Weitere Übungen

6) Berechne zu jedem der folgenden Mengenpaare die Vereinigungs- und Durchschnittsmenge. Zeic[hne] auch ein Venn-Diagramm (vgl. Lernabschnitte 19 u. 20):
   a) T_2, T_3
   b) V_2, V_3
   c) T_{12}, T_{16}
   d) V_{12}, V_{16}
   e) T_{24}, T_{36}
   f) $\{9, 13, 24, 38, 45\}$; $\{24, 13, 99, 12\}$
   g) $\{1, 2, 3\}$; $\{4, 5, 6, 7\}$

7) Zeichne jede der folgenden Figuren freihändig zweimal ab und orientiere sie auf zwei verschiedene Weisen. Gib die Reihenfolge der Ecken bezüglich der Orientierung an (beginne bei der Ecke C):

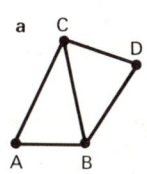

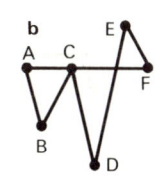

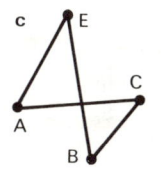

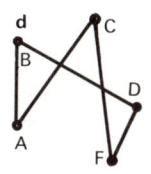

8) Zeichne ein 4-Eck, ein 5-Eck, ein 6-Eck und ein 7-Eck.
   a) Zeichne jedesmal alle Diagonalen ein. Wie viele ergeben sich?
   b) Aus wieviel Strecken besteht jedesmal die Gesamtfigur?
   c) Welche Regel erkennt man aus a) und b)?

9) An einem Tisch sitzen 4 (5, 6, 7) Personen. Zeichne eine Skizze, bei der jede Person durch einen Punkt dargestellt wird. Wenn jede Person mit jeder ihr Glas anstößt, wie oft klingen dann die Gläser?

K 12

7 Durchschnitt von Halbebenen und Streifen

Auch Punktmengen lassen sich „**schneiden**": die dabei entstehenden „Überlagerungsfiguren" ergeben neue Punktmengen, z. B. **Dreiecke** und **Vierecke**.

7.1 Schnitt von Halbebenen. Bilden wir Durchschnittsmengen von Halbebenen, so gelangen wir zu wichtigen Formen flächenhafter Punktmengen:

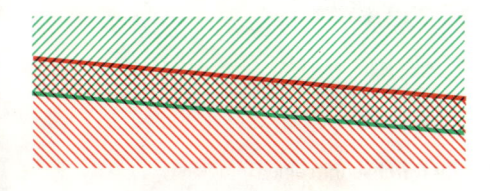

Der Durchschnitt von 2 Halbebenen mit parallelen Randgeraden, die nebenstehende Lage haben, ist ein **Streifen** (s. Lernabschnitt 25).

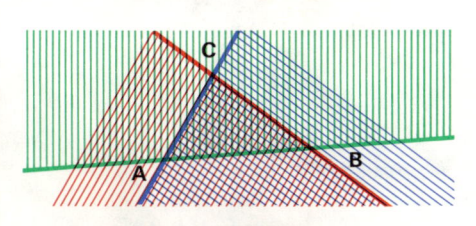

Der Durchschnitt von 3 Halbebenen kann eine Dreiecksfläche ergeben. Der Rand dieser Fläche, also der Streckenzug $\overline{AB} \cup \overline{BC} \cup \overline{CA}$, ist ein **Dreieck**.

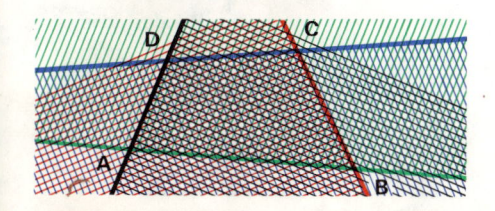

Der Durchschnitt von 4 Halbebenen kann eine Vierecksfläche ergeben. Der Rand dieser Fläche, also der Streckenzug $\overline{AB} \cup \overline{BC} \cup \overline{CD} \cup \overline{DA}$, ist ein **Viereck**.

27.2 Schnitt von Streifen. Zu Vierecksflächen gelangen wir auch, wenn wir den Durchschnitt von 2 Streifen bilden:

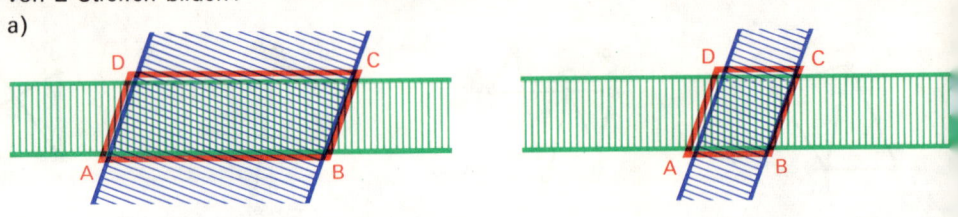

a)

Hier entstehen als Durchschnitt Vierecksflächen, für die gilt: AD ∥ BC und AB ∥ CD. Diese Vierecksflächen nennen wir **Parallelogrammflächen**. Die Vierecke ABCD nenne wir **Parallelogramme**.

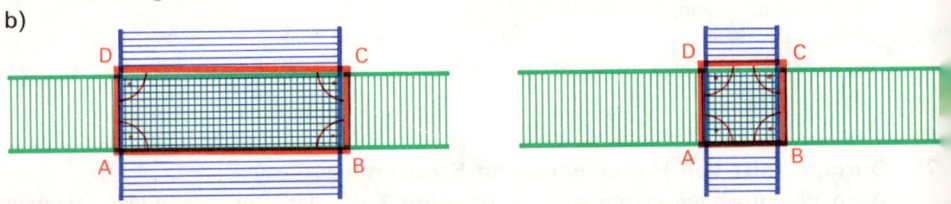

b)

Auch wenn die Streifen Rechtwinkelkreuze bilden, entstehen Parallelogrammflächen bz Parallelogramme. Bei ihnen gilt aber außer AD ∥ BC und AB ∥ CD auch noch AB ⊥ B BC ⊥ CD und CD ⊥ DA.

Diese Parallelogrammflächen nennen wir auch **Rechtecksflächen**. Die Vierecke ABC heißen **Rechtecke**.

Aufgaben mit Lösungen

1. Aufgabe: Zeichne zwei Halbebenen so, daß a) ihr Durchschnitt eine Gerade ist;
b) ihr Durchschnitt leer ist;
c) ihr Durchschnitt und ihre Vereinigung eine Halbebene ist.

Lösung:

a) aufeinanderliegende Randgeraden:

b) parallele Randgeraden:

c) parallele Randgeraden:

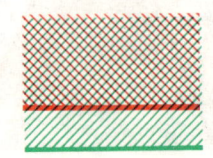

2. Aufgabe: Zeichne zwei Halbebenen und einen Streifen so, daß der Durchschnitt a) eine Vierecksfläche, b) eine Dreiecksfläche ist.
Lösung: a) Viereck ABCD   b) Dreieck ABC

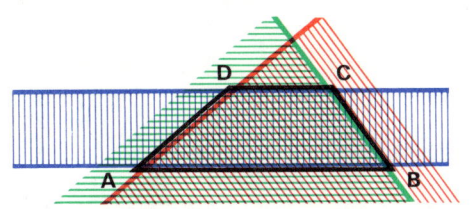

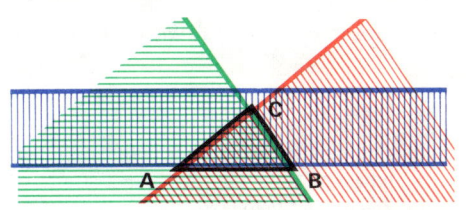

3. Aufgabe: Zeichne allein mit Hilfe von Rechtwinkelkreuzen (ohne Zeichnen von Parallelen!) ein Rechteck und beschreibe den Zeichenvorgang!
Lösung: a) Figur:

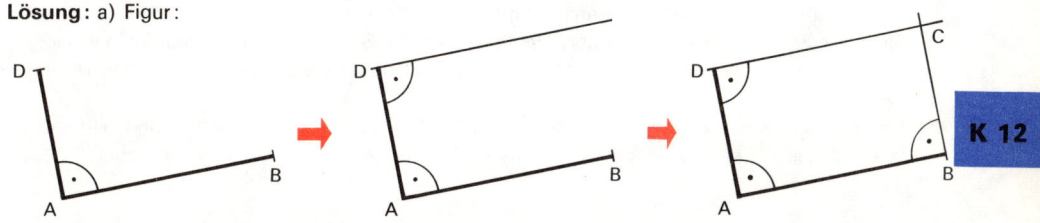

K 12

(Wie in einem Film sieht man hier von links nach rechts den Zeichenvorgang.)
b) Beschreibung: 1) Zeichne ein Rechtwinkelkreuz mit Ecke A sowie den Punkten B und D.
2) Zeichne in D die Senkrechte zu AD.
3) Zeichne in B die Senkrechte zu AB.
Es ergibt sich jetzt ein Rechteck ABCD.

Grundübungen

1) Zeichne zwei Halbebenen so, daß ihr Durchschnitt ein Feld ergibt. Was ist in diesem Fall die Vereinigung der beiden Halbebenen?
2) Zeichne zwei Halbebenen so, daß ihre Randgeraden senkrecht aufeinanderstehen. Was ist ihr Durchschnitt und ihre Vereinigung?
3) Zeichne 3 (4, 5) Halbebenen so, daß ihr Durchschnitt eine 3- (4-, 5-) Eck-Fläche ist.
4) Zeichne 4 Halbebenen so, daß ihr Durchschnitt eine Parallelogrammfläche (Rechteck) ist.
5) Zeichne einen Streifen und eine Halbebene so, daß ihr Durchschnitt a) der Streifen, b) ein anderer Streifen, c) eine Gerade, d) die leere Menge ist.
Beschreibe jedesmal, wie Streifen und Halbebene zueinanderliegen. Benütze dabei vor allem die Worte „Randgerade" und „parallel".
6) Zeichne zwei verschiedene Streifen so, daß ihr Durchschnitt
 a) einer der beiden Streifen, b) ein anderer Streifen, c) eine Gerade, d) die leere Menge ist.
7) Bestimme in den Figuren zu 5a, b, c, d) und 6a, b, c, d) jedesmal die Art der Vereinigung von Streifen und Halbebene bzw. von Streifen und Streifen.

8) Zeichne zwei Felder so, daß ihr Durchschnitt
   a) eines der beiden Felder, b) ein anderes Feld, c) eine 3-Eck-Fläche, d) eine 4-Eck-Fläche, e) eine Parallelogramm-Fläche, f) eine Strecke, g) eine Gerade, h) ein Punkt, i) die leere Menge ist. Beschreibe jedesmal, wie die Felder zueinander liegen müssen.

Weitere Übungen

9) Wie viele Halbebenen benötigt man mindestens, um als Durchschnitt eine 12- (23-, 47-) Eck-Fläche zu erhalten?
10) Zeichne 3 Streifen so, daß ihr Durchschnitt
    a) eine 3-Eck-Fläche, b) eine 4-Eck-Fläche, c) eine 5-Eck-Fläche, d) eine 6-Eck-Fläche ist.
11) Zeichne ein Rechteck mit Hilfe von
    a) 1 Rechtwinkelkreuz und zweimaligem Parallelziehen,
    b) 2 Rechtwinkelkreuzen und einmaligem Parallelziehen.
    Stelle den Zeichenvorgang als Filmbild dar (s. 3. Aufgabe, S. 111) und beschreibe ihn in Worten.
12) Zeichne ein Parallelogramm mit Hilfe von zweimaligem Parallelziehen (Filmbild, Beschreibung in Worten).
13) Schneide aus durchsichtiger Folie verschiedener Farbe eine Anzahl von Streifen und Feldern. Lege sie auf verschiedene Weise übereinander und bilde so Durchschnitts- und Vereinigungsmengen.

OASE 6

I. Wir wenden unsere Kenntnisse an
Einfache Anwendungen

1) Außer „Geraden" treten in der Mathematik auch „Linien" auf.
   Beispiele von Linien:

   Beachte: Die „Gerade" ist eine besondere „Linie" mit „unendlicher Länge".

   Aufgaben: a) Wie oft können sich zwei Geraden höchstens schneiden? (Bild!)
   b) Wie oft können sich zwei Linien schneiden? (Bilder!)
2) Aus Linien lassen sich Muster zeichnen, wobei sich Paare von Linien kreuzen können. Wie oft eine Linie eine andere kreuzt, das läßt sich dann in einer „Kreuzungstabelle" aufschreiben.
   Beispiel: Linienmuster   Kreuzungstabelle

„Kreuzt"	Linie 1	Linie 2	Lini
Linie 1	0	2	
Linie 2	2	0	
Linie 3	1	0	

3) Zeichne die folgenden Linienmuster ab und stelle jeweils eine Kreuzungstabelle auf:

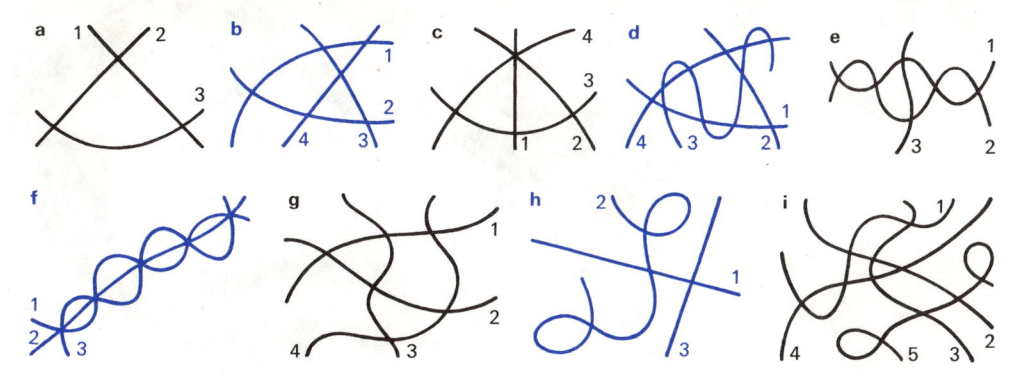

Weitere Anwendungen

4) Die folgenden Linienmuster sind „unvollständig". Zeichne sie ab und verlängere die vorhandenen Linien so, daß jede Linie jede andere genau einmal schneidet. Stelle dann jedesmal eine Kreuzungstabelle auf:

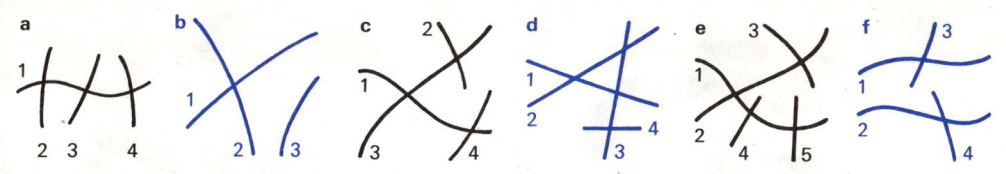

5) Durch Linien lassen sich eingegrenzte „Gebiete" festlegen.
Beispiel:

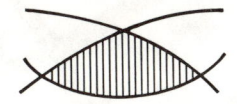

Diese 3 Linien legen 1 „Gebiet" fest.

Aufgaben: a) Zeichne die folgenden Linienmuster ab:

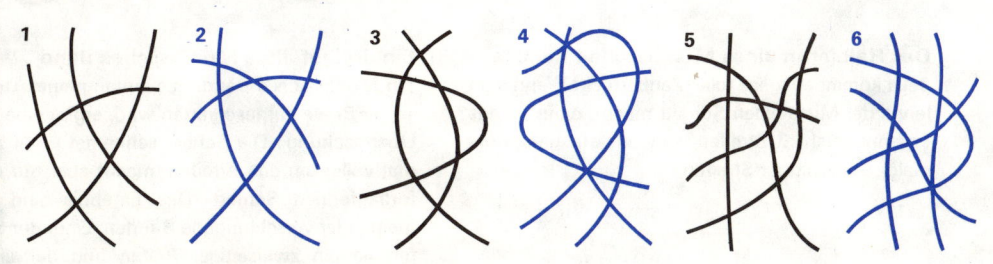

b) Wie viele Linien und wie viele Gebiete sind in jedem Fall vorhanden?

113

II. Basteln und Spielen:

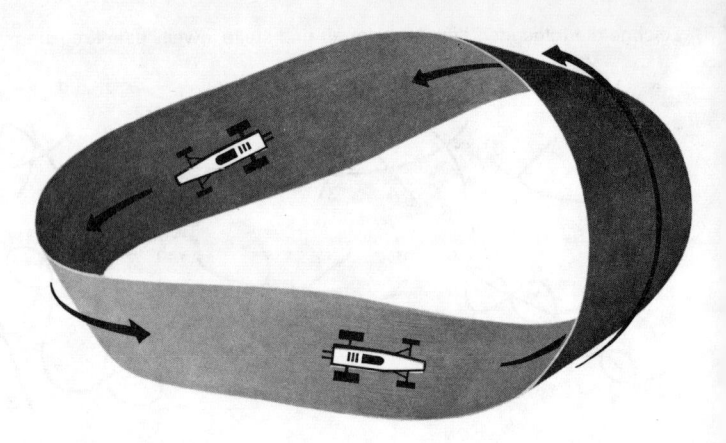

1) Das einseitige Möbiussche Band

Der Mathematiker und Astronom Augustus Ferdinand Möbius (1790–1868) erfand ein sehr merkwürdig Gebilde. Um es zu erhalten, braucht man nur einen Papierstreifen herzustellen, ihm eine halbe Drehu zu geben und die beiden Enden so zu verbinden, daß ein geschlossener Ring entsteht. Lassen wir a einer solchen „Möbius-Rennbahn" einen Rennwagen starten, so gelangt er nach einer Umrundu auf die „Gegenseite":
Das Möbius-Band hat nur eine Seite!

2) Das Halbieren eines Möbiusschen Bandes

Jetzt kommt ein ganz toller Zaubertrick: Wenn man längs der Mitte einen Schnitt macht, dann ist das Ergebnis nicht 2 Streifen, sondern **ein** ganz normaler, zweiseitiger Streifen!

3) Ein dreigeteiltes Möbiussches Band

Ein Möbiussches Band, das entlang eines Dri seiner Breite aufgeschnitten wird, ergibt eine r Überraschung: Die Schere schneidet wohl zv mal völlig um den Streifen, macht aber nur e fortlaufenden Schnitt. Das Ergebnis sind : ineinander verschlungene Bänder: Einer der S fen ist ein zweiseitiger Reifen und der an wieder ein Möbiussches Band!

F. Messen und Abbilden von ebenen Punktmengen

28 Messen von Strecken

Kann man Mengen eigentlich „messen"? Bei vielen Mengen können wir sagen, wie viele Elemente sie besitzen. Aber bei den meisten Punktmengen ist das nicht möglich. Daher sprechen wir jetzt von einem „**Längenmeßverfahren**" **für Strecken**, das auf dem Anlegen eines Maßstabs an eine Strecke beruht.

28.1 Länge: Jeder Strecke können wir eine Länge zuordnen. Wenn wir dies tun, dann sagen wir, daß wir die Streckenlänge messen. Die **Länge einer Strecke** $\overline{AB}$ bezeichnen wir kurz mit $|\overline{AB}|$.

28.2 Maßstab. Zum Längenmessen benützen wir **Längenmaßstäbe**:

a) Einen Längenmaßstab erhalten wir, wenn wir deckungsgleiche Strecken längs einer Halbgeraden aneinanderlegen.

Beispiele von Längenmaßstäben:

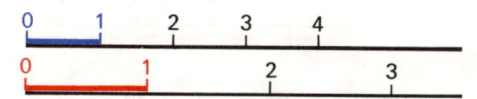

b) Um zu einheitlichen Längenmaßstäben zu gelangen, wurde am 20. Mai 1875 zwischen zahlreichen Kulturstaaten folgendes festgelegt:

1) Die Strecke zwischen den Strichmarken eines in Paris aufbewahrten Metallstabes, des „Ur-Meters", besitzt die Länge 1 Meter (1 m).
2) Das Meter wird unterteilt in Millimeter (mm), Zentimeter (cm) und Dezimeter (dm). Eine größere Einheit ist das Kilometer (km). Es gilt:

1 m = 10 dm 1 dm = 10 cm 1 cm = 10 mm	1 dm = 0,1 m 1 cm = 0,1 dm 1 mm = 0,1 cm
1000 m = 1 km	1 m = 0,001 km

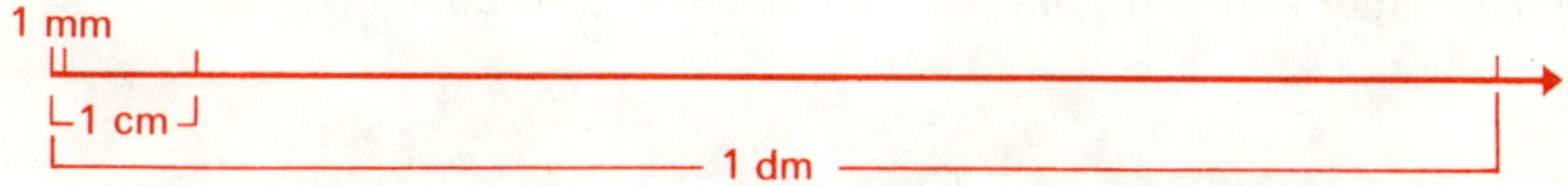

K 13

3) Legt man Strecken, die zum festgelegten Meter (Dezimeter, Zentimeter, Millimeter) deckungsgleich sind, längs einer Halbgeraden aneinander, so entstehen Längenmaßstäbe. Wir nennen sie „Meter- (Dezimeter-, Zentimeter-, Millimeter-) Maßstäbe" oder auch „Maßstäbe mit Metereinheit (Dezimetereinheit, Zentimetereinheit, Millimetereinheit)".

Beispiele:
Zentimeter-Maßstab:
Millimeter-Maßstab:

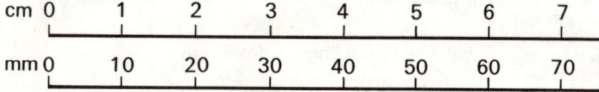

28.3 Messen. Die Länge einer gegebenen Strecke $\overline{AB}$ messen wir so:
$\overline{AB}$ wird einem Maßstab so entlang gelegt, daß A dem Maßstabpunkt 0 zugeordnet ist. Die dem Punkt B zugeordnete Maßstabsmarke gibt dann die Länge von $\overline{AB}$ in der Einheit des Maßstabes an.

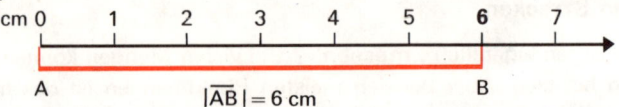

```
cm 0    1    2    3    4    5    6    7
    A                              B
         |AB| = 6 cm
```

Beachte: Die Längenangabe „6 cm" setzt sich zusammen aus der Zahl 6 („Maßzahl") und der „Längeneinheit" cm. Eine so zusammengesetzte Angabe nennen wir „Maß" oder „Größe".

28.4 Größengleichung. Aus dem vorigen ergibt sich, daß wir **eine** Länge auf **verschiedene** Weise messen und angeben können.
Beispiel:

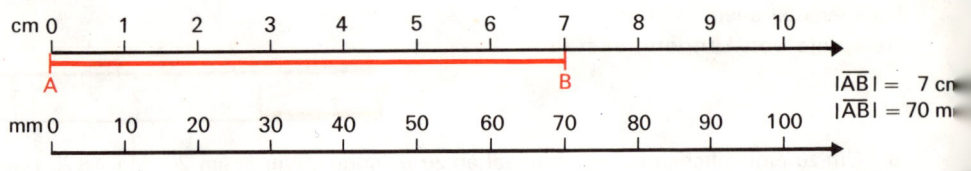

```
cm 0    1    2    3    4    5    6    7    8    9    10
    A                                   B                  |AB| =  7 cm
mm 0   10   20   30   40   50   60   70   80   90   100    |AB| = 70 mm
```

Wir schreiben daher: 7 cm = 70 mm. Dies ist die Umrechnung einer cm-Angabe auf eine mm-Angabe. Sie hat die Form einer sog. „Maßgleichung" oder „Größengleichung".

28.5 Dezimale Schreibweise. Die in der Tabelle 28.2 verwendete Schreibweise von Längenmaßen mit Hilfe eines Kommas nennt man auch „dezimale" Schreibweise. Ihre Verwendung läßt sich aus folgendem Beispiel erkennen, das drei Längenmaßstäbe untereinander zeigt:

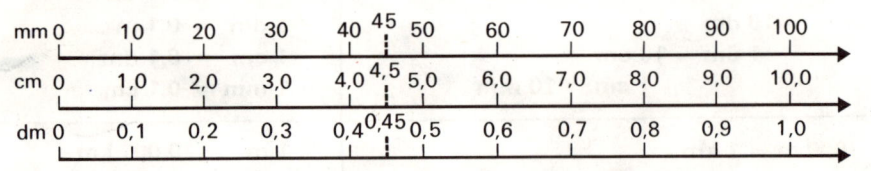

```
mm 0   10   20   30   40  45  50   60   70   80   90   100
cm 0  1,0  2,0  3,0  4,0 4,5 5,0  6,0  7,0  8,0  9,0  10,0
dm 0  0,1  0,2  0,3  0,4 0,45 0,5 0,6  0,7  0,8  0,9  1,0
```

Hieraus ergibt sich z. B.: 45 mm = 4,5 cm = 0,45 dm.

Aufgaben mit Lösungen

1. Aufgabe: Zeichne eine Strecke $\overline{AB}$, für die gilt: $|\overline{AB}| = 1$ dm 3 mm

Lösung:

A⊢――――――――――――――――――⊣B

$\overline{AB}$ hat die Länge 1 dm 3 mm
$|\overline{AB}| = 1$ dm 3 mm

2. Aufgabe: a) Schreibe neben $\overline{AB}$, $\overline{EF}$ und $\overline{GH}$ die durch Messen gefundenen Längen.
b) Mache dann durch rote bzw. blaue Pfeile zwischen den Strecken und ihren Längen folgende Zuordnungen deutlich: „ist die Länge von" bzw. „hat die Länge".

Lösung:

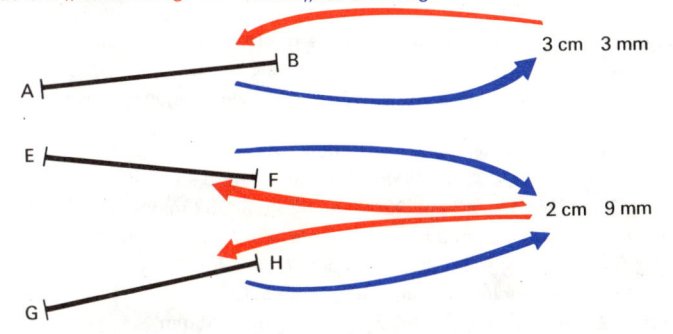

A ⊢―――――⊣ B   3 cm 3 mm

E ⊢―――――⊣ F   2 cm 9 mm

G ⊢―――⊣ H

3. Aufgabe: Zeichne drei verschiedene Punkte X, Y und Z sowie alle möglichen Verbindungsstrecken dieser drei Punkte. Miß die Längen dieser Strecken und trage die Meßergebnisse in eine geeignete Tabelle ein!

Lösung: a) Figur:

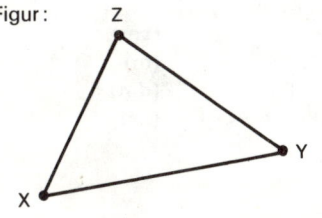

b) Tabelle:

Strecke	Länge
$\overline{XY}$	3,3 cm
$\overline{YZ}$	2,7 cm
$\overline{ZX}$	2,3 cm

K 13

4. Aufgabe: Rechne mit Hilfe von Größengleichungen schrittweise auf mm um:
a) 2 m 34 cm   b) 18 km 50 m
Lösung: a) 2 m 34 cm = 234 cm = 2340 mm.
b) 18 km 50 m = 18 050 m = 180 500 dm = 1 805 000 cm = 18 050 000 mm.

5. Aufgabe: Rechne mit Hilfe von Größengleichungen schrittweise auf m um: a) 20 mm b) 12,5 cm
Lösung: a) 20 mm = 2 cm = 0,2 dm = 0,02 m; b) 12,5 cm = 1,25 dm = 0,125 m.

6. Aufgabe: Rechne mit Hilfe von Größengleichungen schrittweise: a) 8,34 m auf cm um; b) 8,348 m auf mm um; c) 8,348 km auf m um.
Lösung: a) 8,34 m = 8 m 3 dm 4 cm = 834 cm
b) 8,348 m = 8 m 3 dm 4 cm 8 mm = 8348 mm
c) 8,348 km = 8 km 348 m = 8348 m
Beachte: Die Dezimalschreibweise von Längenmaßen ist eine Stellenwertschreibweise.

rundübungen

) Zeichne je eine Strecke, für die gilt:
a) $|\overline{AB}| = 24$ mm   b) $|\overline{CD}| = 6,8$ cm   c) $|\overline{EF}| = 1,2$ dm   d) $|\overline{GH}| = 1,34$ dm
e) $|\overline{JK}| = 6$ cm 3 mm   f) $|\overline{KL}| = 3,9$ cm   g) $|\overline{MN}| = 3$ cm 12 mm   h) $|\overline{OP}| = 0,07$ dm
i) $|\overline{QR}| = 0,93$ dm   k) $|\overline{ST}| = 6$ cm 23 mm   l) $|\overline{UV}| = 1,77$ cm   m) $|\overline{WX}| = 12,8$ cm

2) a) Zeichne 10 beliebige Strecken untereinander und schreibe neben sie die durch Messen gefundene Länge in mm (cm, dm).
   b) Mache dann durch rote bzw. blaue Pfeile die Zuordnungen „ist die Länge von" bzw. „hat die Länge" deutlich.
3) Zeichne 4 (5, 6, 7) verschiedene Punkte. Benenne die Punkte und zeichne nacheinander alle möglichen Verbindungsstrecken von je zwei dieser Punkte ein. Miß die Länge dieser Strecken und trage die Meßergebnisse in eine Tabelle ein (vgl. 3. Aufgabe, S. 117). Alle Längenangaben müssen in cm (wenn nötig dezimal) geschrieben sein.
4) Rechne mit Hilfe von Größengleichungen schrittweise auf mm um:
   a) 6 m, 23 cm, 4 dm, 12 km, 230 m, 28 dm, 670 cm, 18 m, 9 km, 7 dm
   b) 26 m, 4 km, 430 m, 233 km, 63 cm, 1200 cm, 423 dm, 382 m, 99 dm
   c) 7 dm 6 cm; 8 dm 5 cm; 12 dm 3 cm; 4 m 8 cm; 4 m 8 mm; 3 dm 28 cm
   d) 6 cm 5 mm; 9 cm 18 mm; 6 dm 26 mm; 6 dm 26 cm; 7 m 3 cm
5) Rechne mit Hilfe von Größengleichungen schrittweise auf m um:
   a) 3 dm; 23 dm; 23 cm; 83 mm; 8 mm; 3 mm; 30 mm; 300 mm
   b) 8,3 dm; 2,6 dm; 3,06 dm; 4,8 dm; 29,8 dm; 428 dm
   c) 6,9 cm; 23,4 cm; 8,70 cm; 87,3 cm; 4,8 cm; 4,8 cm
   d) 2 m 3 dm; 2 m 3 cm; 2 m 3 mm; 2 m 3 dm 3 cm; 2 m 3 dm 3 cm 3 mm
6) Rechne auf die in der Klammer stehende Längeneinheit um:
   a) 23 mm; 8,62 m; 0,39 dm; 0,39 km; 8 dm 2 cm   **(cm)**
   b) 230 km; 2350 km; 64 dm 2 cm; 3 m 15 cm; 48 mm   **(m)**
   c) 9 m; 23 m; 105 m; 9 m 3 dm; 3 m 9 cm; 12 m 8 dm   **(dm)**
   d) 3728 m; 3728 dm; 3728 cm; 3728 mm; 37280 mm   **(km)**

Weitere Übungen

7) Zeichne ein Rechteck mit Hilfe von 2 Rechtwinkelkreuzen und einmaligem Parallelziehen so, daß 2 Seiten 6 cm (7,3 cm; 0,91 dm) und die anderen beiden Seiten 3 cm (27 mm; 6,8 cm) messen (Filmbild, Beschreibung).
8) Zeichne ein Rechteck mit Hilfe eines Rechtwinkelkreuzes und zweimaligem Parallelziehen so, daß alle 4 Seiten 5 cm (6,2 cm; 0,81 dm) messen (Filmbild, Beschreibung).
9) Zeichne die nebenstehende Figur ab und ziehe durch P zu g und h je die Parallele. Was für ein Viereck entsteht?

10) Zeichne die nebenstehende Figur ab und ziehe durch Q zu k und l je die Parallele. Was für ein Viereck entsteht?

11) Der Montblanc ist etwa 4800 m hoch, das Matterhorn 4500 m, der Monte Rosa 4700 m, der Eiger 3950 m, die Zugspitze 2950 m.
    Stelle die Höhe dieser Berge durch parallele Strecken dar, wobei für je 100 m in der Zeichnung 1 m genommen wird.
12) In den Monaten Januar bis Dezember wurden 1966 in Frankfurt nacheinander folgende Niederschlagsmengen gemessen: 60 mm, 45 mm, 50 mm, 53 mm, 55 mm, 67 mm, 85 mm, 90 mm, 58 mm, 67 mm, 55 mm, 63 mm. Stelle diese Angaben durch Strecken übersichtlich so dar, daß man sofort erkennen kann, wieviel mm Niederschlag in einem Monat gefallen sind. Vergleiche mit ähnlichen Tabellen im Atlas!

29 Messen an Strecken und Streckenzügen

Jetzt lernen wir, Strecken in ihrer Länge zu vergleichen und mit Längenmaßen oder „Größen" zu **rechnen**. Damit können wir dann auch **Streckenzüge „abmessen"**.

29.1 Längenvergleich. Wenn zwei verschiedene Strecken $\overline{AB}$ und $\overline{CD}$ vorliegen, so ist es für uns oft nützlich, sagen zu können, welche davon „kürzer" oder „länger" ist. Zu diesem Zweck vereinbaren wir: Von zwei Längen gleicher Längeneinheit ist diejenige die kleinere, welche die kleinere Maßzahl besitzt.

Beispiel:

$|\overline{AB}| = 3$ cm
$|\overline{CD}| = 2$ cm
also $|\overline{CD}| < |\overline{AB}|$
2 cm < 3 cm

29.2 Addieren von Längen. Häufig liegen Streckenzüge und nicht nur einzelne Strecken vor. Auch den Streckenzügen können wir nach Vereinbarung eine Länge zuordnen:
Die Länge eines Streckenzugs erhält man, wenn man alle Teilstrecken in der gleichen Längeneinheit mißt, ihre Maßzahlen addiert und die Längeneinheit beibehält.

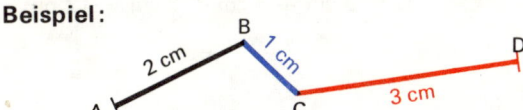

Beispiel:

$|\overline{AB} \cup \overline{BC} \cup \overline{CD}| = (2 + 1 +)$ cm
$= \mathbf{6\ cm}$

K 13

29.3 Rechnen mit Längen. Wenn wir wie in 29.2 vorgehen, können wir auch direkt Längen addieren bzw. subtrahieren. Dabei erhalten wir dann wieder Größengleichungen.

Beispiele:

a) 23 cm + 12 cm = 35 cm

b) 2 dm 3 cm − 8 mm
= 230 mm − 8 mm
= 222 mm

c) 6,3 cm + 0,8 cm
= 63 mm + 8 mm
= 71 mm.

Beachte: Statt 3 cm + 3 cm schreibt man oft auch 3 cm · 2. Zum Beispiel gilt also:
6 dm · 3 = 6 dm + 6 dm + 6 dm usw.

29.4 Messen an Vierecken. Zu besonders wichtigen Ergebnissen gelangen wir, wenn wir an den in 27.2 eingeführten Parallelogrammen und Rechtecken Längenmessungen vornehmen:
a) Bei allen Parallelogrammen sind gegenüberliegende Seiten gleich lang.

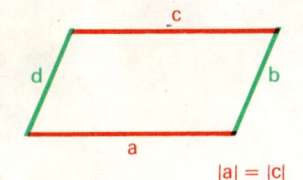

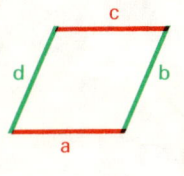

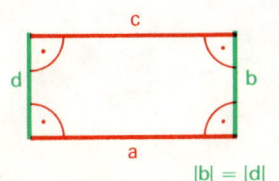

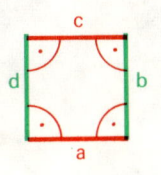

|a| = |c| |b| = |d|

b) Bei zwei in 27.2 gezeichneten Parallelogrammen sind sogar alle vier Seiten gleich lang

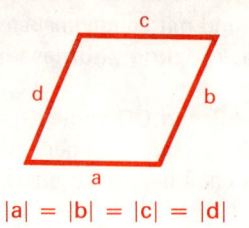

$|a| = |b| = |c| = |d|$

Dieses Viereck nennen wir **Raute**.

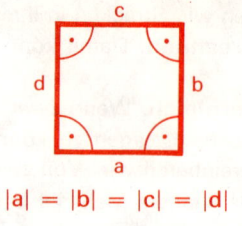

$|a| = |b| = |c| = |d|$

Dieses Viereck nennen wir **Quadrat**.

29.5 Umfang. Die **Summe der Seitenlängen** bei einem Dreieck (Viereck, Fünfeck, ... nennt man den **Umfang U** des Dreiecks (Vierecks, Fünfecks, ...).

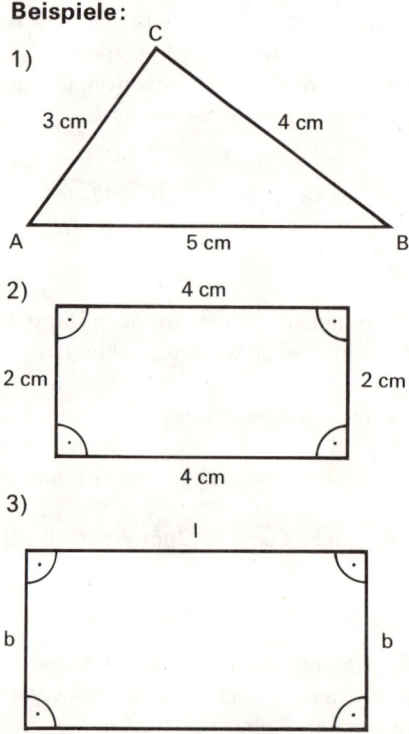

Beispiele:

1) Dieses Dreieck hat die Seitenlängen 3 cm, 4 cm, 5 cm.
Für seinen Umfang U gilt:
U = 3 cm + 4 cm + 5 cm = **12 cm**.

2) Dieses Rechteck hat zwei Seiten mit der Länge 4 cm und zwei Seiten mit der Länge 2 cm. Es gilt:
U = 4 cm + 4 cm + 2 cm + 2 cm
  = 4 cm · 2   + 2 cm · 2
  = 8 cm   + 4 cm
  = **12 cm**.

3) Führen wir für die Seitenlängen des Rechtecks die Variablen l und b ein, so gilt:
U = l · 2 + b · 2, oder: U = (l + b) · 2

Aufgaben mit Lösungen

1. Aufgabe: Berechne: (12 km − 480 m) + 1,20 km.
Lösung: (12 km − 480 m) + 1,20 km
= (12 000 m − 480 m) + 1200 m
= 11 520 m + 1200 m
= 12 720 m.

2. Aufgabe: Bestimme am folgenden Dreieck ABC
a) $|\overline{AC} \cup \overline{CB}|$ b) $|\overline{AB}|$
Vergleiche die Meßergebnisse mit Hilfe des Zeichens >.
Lösung: a) $|\overline{AC} \cup \overline{CB}| = |\overline{AC}| + |\overline{CB}|$
≈ 2,5 cm + 3,4 cm
≈ 25 mm + 34 mm
≈ **59 mm**.
b) $|\overline{AB}|$ ≈ **46 mm**. Durch Vergleich von a) und b) ergibt sich: $|\overline{AC}| + |\overline{BC}| > |\overline{AB}|$.

3. Aufgabe: Ein Rechteck ist 5 cm lang und 3,5 cm breit. Wie groß ist sein Umfang?
Lösung: U = 5 cm · 2 + 3,5 cm · 2
= 50 mm · 2 + 35 mm · 2
= 100 mm + 70 mm
= 170 mm
= **17 cm.**
Ergebnis: Der Umfang des Rechtecks ist 17 cm.

4. Aufgabe: 2 Strecken a und b mit den Längen 4 cm bzw. 6,2 cm überlagern sich auf eine Länge von 2,5 cm.
a) Zeichne eine Figur; b) berechne $|a \cup b|$.
Lösung: a)

b) $|a \cup b|$ = 4 cm + 6,2 cm − 2,5 cm
= 40 mm + 62 mm − 25 mm
= **77 mm.**

K 13

undübungen

Berechne:
a) (9 m 8 cm + 7,42 m) − 0,38 m
b) 96 mm + 5,628 m − 0,34 dm
c) 28,35 m + 183,68 m + 17,60 m − 20,85 m
d) (23,8 dm − 0,2 dm) − (0,8 dm + 25 cm)
e) 23,8 dm − 0,2 dm − 0,8 dm − 25 cm
f) 23,8 dm − 0,2 dm − (0,8 dm − 25 cm)
g) 8 m 23 cm · 9
h) 3 dm 4 cm 8 mm · 12 + 2 m
i) 9 km · 16 − 12 km + 250 m
k) 426 m · 2 + 53 m · 2
l) (426 m + 53 m) · 2
m) 426 m + 53 m · 2

Miß an den folgenden Figuren die jeweils angegebenen Längen und vergleiche die Meßergebnisse mit Hilfe des Zeichens > !

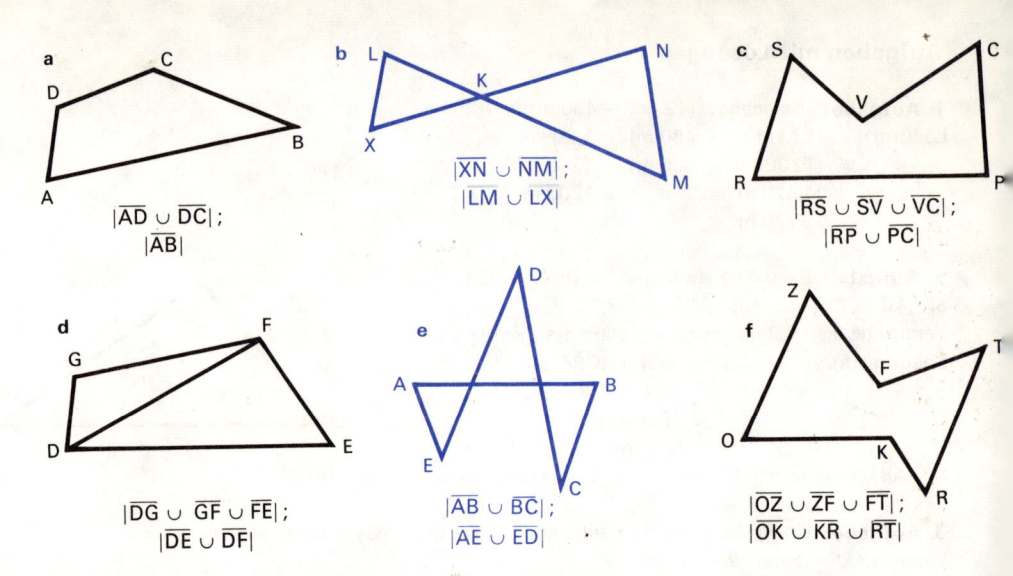

a $|\overline{AD} \cup \overline{DC}|$;
$|\overline{AB}|$

b $|\overline{XN} \cup \overline{NM}|$;
$|\overline{LM} \cup \overline{LX}|$

c $|\overline{RS} \cup \overline{SV} \cup \overline{VC}|$;
$|\overline{RP} \cup \overline{PC}|$

d $|\overline{DG} \cup \overline{GF} \cup \overline{FE}|$;
$|\overline{DE} \cup \overline{DF}|$

e $|\overline{AB} \cup \overline{BC}|$;
$|\overline{AE} \cup \overline{ED}|$

f $|\overline{OZ} \cup \overline{ZF} \cup \overline{FT}|$;
$|\overline{OK} \cup \overline{KR} \cup \overline{RT}|$

3) Berechne für die folgenden Rechtecke jeweils den Umfang U:

l	6 cm	4 dm	8 km	9,3 dm	7,6 m	34,8 m	90 m	3,62 km
b	9 cm	3 cm	400 m	2 dm	28 dm	12,6 m	240 dm	428 m

4) Wie groß ist die Seitenlänge eines Quadrats mit Umfang U = 24 cm (6,8 dm)?

5) Berechne für die folgenden Rechtecke jeweils die fehlende Größe und zeichne dann:

l	4 cm		3,8 cm	5,7 cm	0,6 dm	8,3 cm
b	5,3 cm	7,2 cm	6,9 cm		3,2 cm	
U		25,4 cm		3,2 dm		0,246 m

Weitere Übungen

6) Zwei Strecken a und b mit den Längen 9 cm (7,2 cm; 6,8 cm) und 7 cm (5,1 cm; 4,6 cm) überlagern sich auf eine Länge von 4 cm (3,5 cm; 2,3 cm).
   a) zeichne eine Figur;
   b) berechne $|a \cup b|$ und $|a \cap b|$.

7) Stelle Überlagerungsfiguren von zwei Strecken a und b mit den Längen 8 cm und 9 cm so her, daß
   a) ihre Vereinigung 17 cm (12 cm; 10 cm; 9 cm) lang ist;
   b) ihr Durchschnitt 5 mm (2 cm; 7 cm; 8 cm) lang ist.

8) Ein rechteckiger Garten, an dem sich ein Eingangstor mit 1,85 m Breite befindet, wird mit einem Maschenzaun eingezäunt. Der Garten ist 57 m (28,6 m) lang und 19 m (14,5 m) breit. Wieviel m Zaun braucht man mindestens?

9) Ein Rechteck ist doppelt so lang wie breit. Sein Umfang U beträgt 18,6 m (31,2 cm). Wie lang und breit ist es?

10) Ein Junge läßt eine Stahlkugel 20 cm über einer Tischplatte fallen. Sie prallt 15 cm zurück und fällt dann 85 cm auf den Boden, weil der Junge inzwischen den Tisch verschoben hat.
   a) Aus welcher Höhe über dem Boden fiel die Kugel?
   b) Wie hoch ist der Tisch?
   Mache vor der Rechnung eine Figur, in der man den Tisch, die Fall- und Prallstrecken deutlich sieht.

11) Bestimme die Lösungen der folgenden Größengleichungen:
   a) $3\,cm + x = 12\,cm$
   b) $3\,cm + x = 12\,dm$
   c) $3\,cm + x = 12\,m$
   d) $3\,cm + x = 12\,km$
   e) $3\,m - x = 12\,dm$
   f) $3\,m - x = 12\,cm$
   g) $3\,m - x = 12\,mm$
   h) $3\,m - x = 12\,km$.

Verschiebungen ergeben neue Punktmengen

Nicht nur „Schneiden" oder „Vereinigen" ergibt neue Punktmengen, auch das „Bewegen". Wir führen mit Quadraten **Verschiebungen** durch und erhalten so interessante neue Figuren.

1 Verschiebung. Wenn wir eine Punktmenge, z. B. eine Quadratfläche, in der Zeichenebene so bewegen, daß sich bei der Bewegung zwar die Lage der Fläche ändert, nicht aber die Richtungen ihrer Seiten, dann sprechen wir von einer „**Verschiebung**".
Beispiel:

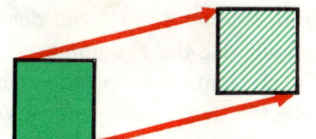

Die grüne Quadratfläche wurde so verschoben, wie es der rote „Verschiebungspfeil" angibt.

K 14

2 Gitternetz. Verschiebungen von Quadratflächen sind besonders leicht durchzuführen, wenn sie in einem **Gitternetz** erfolgen können. Gleichmäßig karierte Heftblätter sind Beispiele solcher Gitternetze.
Beispiel:

Die rote Quadratfläche wurde im Gitternetz um 2 cm nach oben verschoben.
Das gezeichnete Gitternetz ist ein cm-Netz. Auf Heftblättern findet sich häufig ein 0,5 cm-Netz. Faßt man dort je 4 Karos zusammen, so erhält man ebenfalls ein cm-Netz.

30.3 Verschiebungsprogramm. Durch Verschiebungen in Gitternetzen lassen sich leic[ht] unregelmäßig begrenzte Punktmengen und Ziermuster erhalten:
Beispiel:

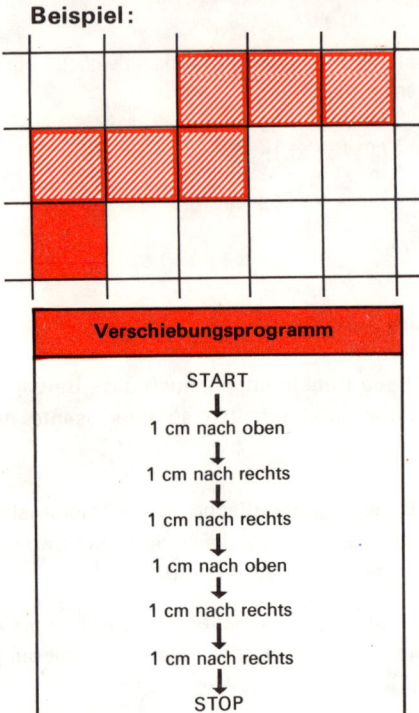

Um das Muster zu erhalten, wurde das ro[te] Quadrat zunächst
1 cm nach oben, 1 cm nach rechts, 1 c[m] nach rechts verschoben, dann wieder
1 cm nach oben, 1 cm nach rechts, 1 c[m] nach rechts. Diesen Vorgang können wir [in] einem Flußdiagramm darstellen:

Verschiebungsprogramm
START
↓
1 cm nach oben
↓
1 cm nach rechts
↓
1 cm nach rechts
↓
1 cm nach oben
↓
1 cm nach rechts
↓
1 cm nach rechts
↓
STOP

oder kürzer so:

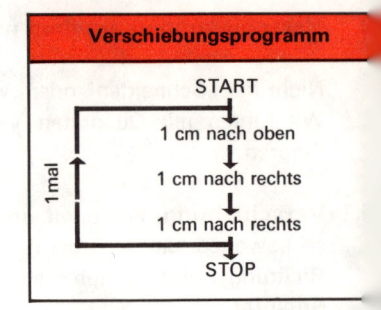

Verschiebungsprogramm
START
↓
1 cm nach oben
↓
1 cm nach rechts
↓
1 cm nach rechts
↓
STOP

(1mal)

Der zurückführende Pfeil mit der Aufschrift „1m[al"] soll zeigen, daß das Programm „1 cm nach obe[n —] 1 cm nach rechts — 1 cm nach rechts" **noch ein[mal]** durchlaufen wird. Eine solche Wiederholungs[vor]schrift nennen wir **„Schleife"**.

30.4 Belegen. Mit Hilfe von Verschiebungen kann man größere Quadrate und Rechtecke d[urch] kleinere restlos „belegen". Wir sprechen dann von einer **„Flächenbelegung"**.
Beispiel:

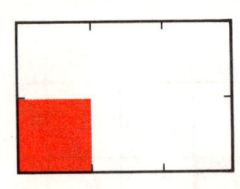

Das nebenstehende Rechteck mit 3 cm Länge und 2[cm] Breite soll durch Quadrate mit 1 cm Seitenlänge be[legt] werden. Ein solches „cm-Quadrat"
wird zunächst 1 cm nach rechts verschoben,
nochmals 1 cm nach rechts verschoben, so daß sich [eine] Reihe zu 3 Quadraten ergibt.
Diese Reihe wird nun als Ganzes 1 cm nach oben [ver]schoben. Damit ist das Rechteck durch 2 Reihen m[it] 3 Quadraten, also durch 6 Quadrate, belegt.

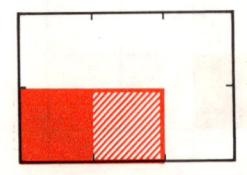

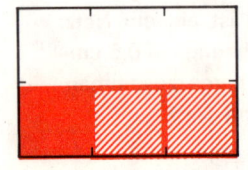

Aufgaben mit Lösungen

1. Aufgabe: Stelle für folgendes Ziermuster ein Verschiebungsprogramm mit Schleife auf, wobei vom roten Quadrat auszugehen ist:

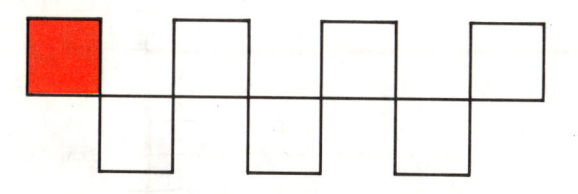

Lösung:

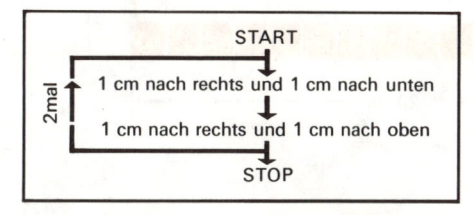

```
           START
            ↓
2mal  ← 1 cm nach rechts und 1 cm nach unten
            ↓
      ← 1 cm nach rechts und 1 cm nach oben
            ↓
           STOP
```

2. Aufgabe: Zeichne, von einem cm-Quadrat ausgehend, dasjenige Muster, das sich durch folgendes Verschiebungsprogramm ergibt:

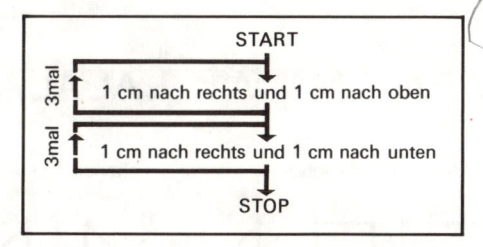

```
             START
              ↓
3mal  ← 1 cm nach rechts und 1 cm nach oben
              ↓
3mal  ← 1 cm nach rechts und 1 cm nach unten
              ↓
             STOP
```

Lösung:

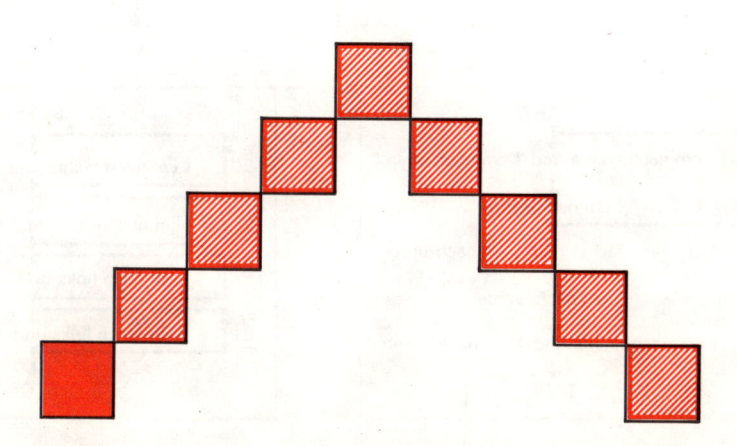

K 14

3. Aufgabe: Ein Flur ist 320 cm lang und 120 cm breit. Er besitzt die Form eines Rechtecks und so mit quadratischen Platten belegt werden, die 20 cm Seitenlänge besitzen.
a) Zeichne einen Plan des Flurs. Verwende für jede Platte ein Feld des 0,5 cm-Netzes.
b) Berechne die Anzahl der notwendigen Platten.

Lösung: a) Plan:

b) Rechnung:
1) Eine Reihe enthält 16 Platten, denn 320 : 20 = 16
2) es gibt 6 Reihen, denn 120 : 20 = 6;
3) also braucht man 6 · Platten = 96 Platten.

Grundübungen

1) Welche Grundfiguren und welche Verschiebungen kann man wählen, um die folgenden Wörter zu halten:

a TOTO b PAPA c MAMA d LALALA e LALALAL

2) Verschiebe jede der folgenden Figuren nach jedem der angegebenen Programme:

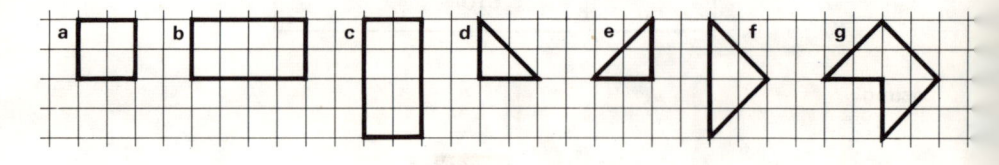

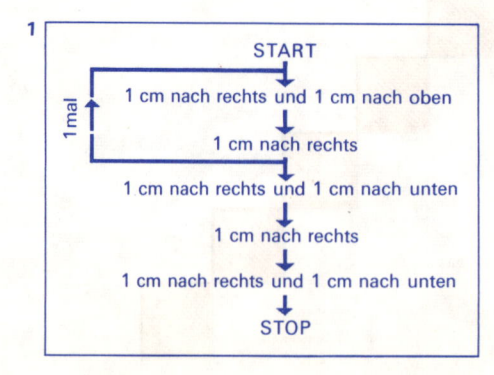

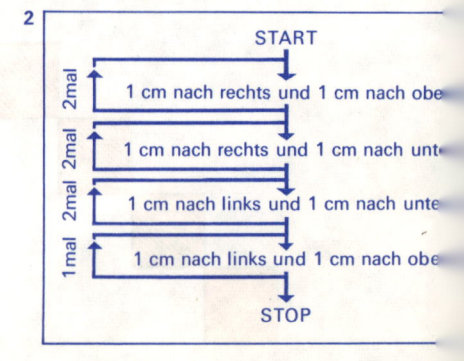

1
START
↓
1 cm nach rechts und 1 cm nach oben   (1mal)
↓
1 cm nach rechts
↓
1 cm nach rechts und 1 cm nach unten
↓
1 cm nach rechts
↓
1 cm nach rechts und 1 cm nach unten
↓
STOP

2
START
↓
1 cm nach rechts und 1 cm nach oben   (2mal)
↓
1 cm nach rechts und 1 cm nach unten   (2mal)
↓
1 cm nach links und 1 cm nach unten   (2mal)
↓
1 cm nach links und 1 cm nach oben   (1mal)
↓
STOP

3) Stelle zu folgenden Figuren die Verschiebungsprogramme auf, wobei von der schraffierten Grundfigur auszugehen ist:

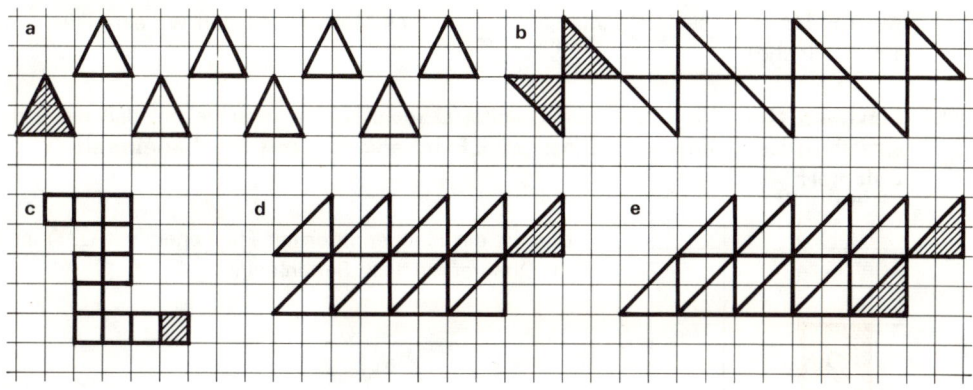

a b

c d e

Weitere Übungen

4) Durch wie viele Quadrate mit 1 cm Seitenlänge lassen sich Rechtecke mit folgenden Längen l und Breiten b belegen:

l	4 cm	6 dm	3 cm	36 cm	2,6 dm	1,2 dm
b	3 cm	2 cm	4 m	9 dm	1,2 dm	1,2 dm

5) Ein Zimmerboden in Rechteckform, der 4,8 m lang und 3,2 m breit ist, soll mit Parkett belegt werden. Dazu werden quadratische Holzplatten mit 32 cm Seitenlänge (rechteckige Holzplatten mit 48 cm Länge und 16 cm Breite) verwendet. a) Zeichne einen Belegungsplan. b) Wie viele Platten werden benötigt? c) Wieviel kostet das Parkett, wenn jede Platte 4,60 DM (8,25 DM) kostet?

6) Aus wieviel Gitterquadraten besteht diese „Lokomotive"?

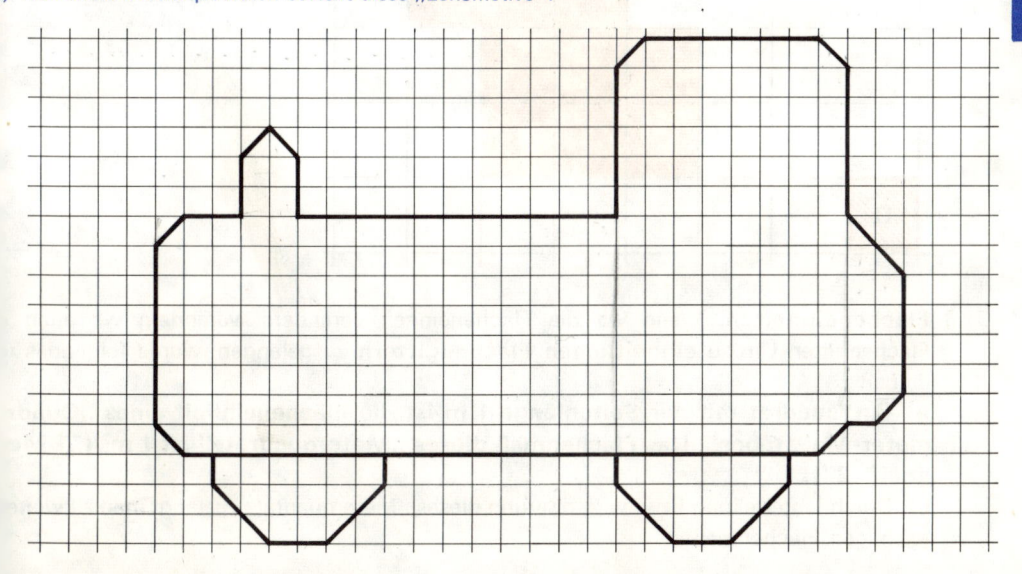

K 14

31 Messen von Flächen

Auch **Flächen** lassen sich „messen": statt eines Maßstabes legen wir ein „Flächengitter" auf die Fläche!

31.1 Flächengitter. Wir können ein Quadrat Q mehrfach so verschieben, daß ein Gitternetz entsteht. Dieses Gitternetz nennen wir **„Flächengitter mit Flächeneinheit Q"**.
Beispiel:

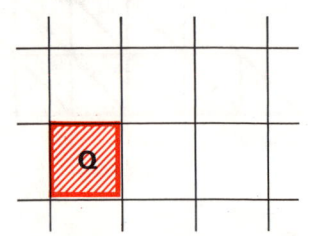

Dies ist ein Flächengitter mit Flächeneinheit Q. Q ist dabei ein Quadrat mit 1 cm Seitenlänge.

31.2 Flächenmessung. Legen wir ein Flächengitter (mit geeigneter Einheit), das wir uns auf durchsichtiger Folie denken, auf flächenhafte Punktmengen, dann können wir häufig feststellen, wie viele Flächeneinheiten diese Punktmengen genau überdecken.
Auf diese Weise ordnen wir flächenhaften Punktmengen ein Flächenmaß zu. Diesen Zuordnungsvorgang nennen wir „Flächenmessung" und sagen, daß sich durch ihn das **„Flächenmaß" dieser Punktmengen** ergibt.
Beispiel:

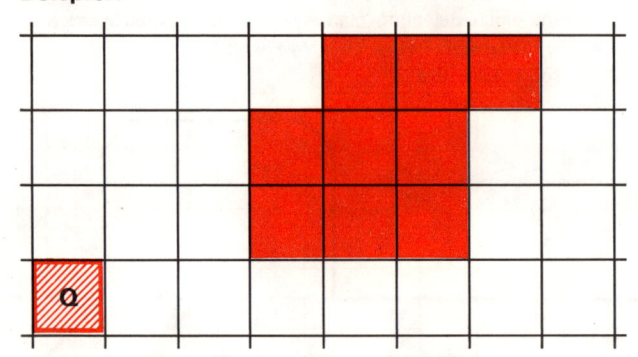

Die rote Punktmenge hat ein Flächenmaß von 9 Q-Einheiten.

31.3 Flächeneinheiten. Wenn wir die Flächeneinheit verändern, verändern wir auch das Flächengitter. Um zu **einheitlichen Flächengittern** zu gelangen, wurde folgendes vereinbart:
a) Ein Quadrat mit der Seitenlänge 1 m ist die Flächeneinheit eines „Quadratmeter-Maßstabes". Das Flächenmaß dieses „Meterquadrats" ist 1 m^2 („1 Meter hoch 2").
b) Durch Unterteilung bzw. Vergrößerung dieses „Meterquadrats" gelangt man zu weiteren wichtigen Flächenmaßen:

Der Fläche F eines Quadrats mit der Seitenlänge		Das Flächenmaß A	
1 mm		1 mm²	(„1 Millimeter hoch 2")
1 cm		1 cm²	(„1 Zentimeter hoch 2")
1 dm	wird zugeordnet	1 dm²	(„1 Dezimeter hoch 2")
1 m		1 m²	(„1 Meter hoch 2")
10 m		1 a	(„1 Ar")
100 m		1 ha	(„1 Hektar")
1 km		1 km²	(„1 Kilometer hoch 2")

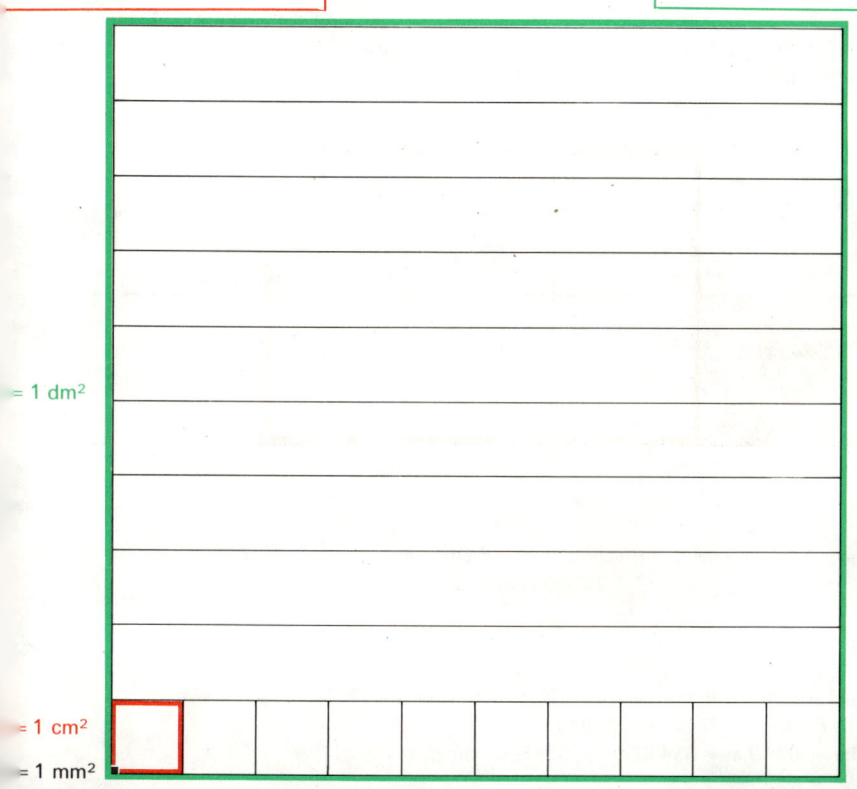

= 1 dm²

= 1 cm²
= 1 mm²

.4 Tabelle. Aus den vorigen Vereinbarungen ergeben sich folgende Zusammenhänge zwischen den Flächenmaßen:

1 km² = 100 ha	1 ha = 0,01 km²
1 ha = 100 a	1 a = 0,01 ha
1 a = 100 m²	1 m² = 0,01 a
1 m² = 100 dm²	1 dm² = 0,01 m²
1 dm² = 100 cm²	1 cm² = 0,01 dm²
1 cm² = 100 mm²	1 mm² = 0,01 cm²

K 14

31.5 Größenvergleich. Die Tabelle in 31.4 zeigt, daß **ein** Flächenmaß auf **verschiedene** Weise geschrieben werden kann. Von einer Flächeneinheit zur anderen ist dabei die Umrechnungszahl 100. Es entstehen Größengleichungen.

Beispiele:
1) $23 \text{ dm}^2 = 2\,300 \text{ cm}^2 = 230\,000 \text{ mm}^2$;
2) $23 \text{ dm}^2 = 0,23 \text{ m}^2 = 0,0023 \text{ a} = 0,000023 \text{ ha}$.

Aufgaben mit Lösungen

1. Aufgabe: a) Zeichne ein Rechteck mit der Länge $l = 6$ cm und der Breite $b = 4$ cm.
b) Überziehe dieses Rechteck mit einem Flächengitter, das als Flächeneinheit ein Quadrat Q mit 2 cm Seitenlänge besitzt. Welches Flächenmaß ergibt sich?
Lösung:

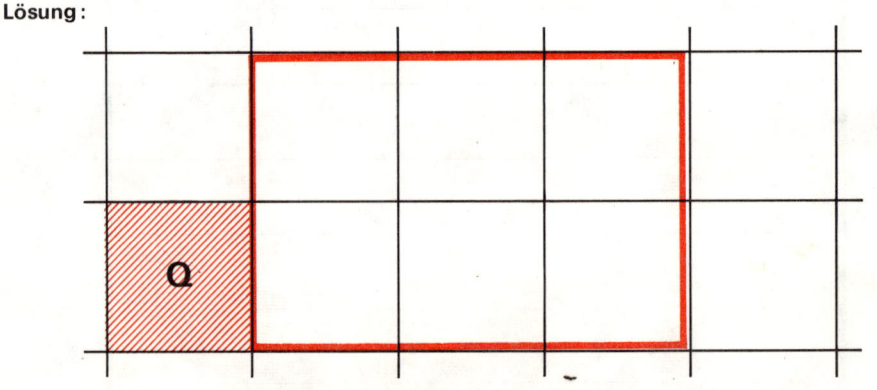

Das Rechteck besitzt das Flächenmaß $A = 6$ Q-Einheiten.

2. Aufgabe: Rechne $2 \text{ m}^2\, 3 \text{ dm}^2$ schrittweise auf cm^2 um:
Lösung: $2 \text{ m}^2\, 3 \text{ dm}^2 = 203 \text{ dm}^2 = 20\,300 \text{ cm}^2$

3. Aufgabe: Rechne 12 a auf ha um **Lösung:** $12 \text{ a} = 0,12 \text{ ha}$.

4. Aufgabe: Rechne schrittweise: a) 8,34 ha auf m^2 um; b) 8,348 ha auf dm^2 um.
Lösung: a) $8,34 \text{ ha} = 834 \text{ a} = 83\,400 \text{ m}^2$;
b) $8,348 \text{ ha} = 834,8 \text{ a} = 83\,480 \text{ m}^2 = 8\,348\,000 \text{ dm}^2$.

Grundübungen

1) a) Zeichne die Rechtecke mit den folgenden Längen l und Breiten b:

l	3 cm	6 cm	3 cm	1,2 dm	0,6 dm	1,2 dm	1,2 dm
b	6 cm	9 cm	9 cm	0,6 dm	0,6 dm	1,2 dm	9 cm

b) Überziehe jedes dieser Rechtecke mit einem Flächengitter, das als Flächeneinheit ein Quadrat Q mit 1 cm (3 cm) Seitenlänge besitzt. Welches Flächenmaß ergibt sich für die Rechtecke?

2) Rechne mit Hilfe von Größengleichungen schrittweise auf cm^2 um:

a) 34 m² ; 68 dm² ; 80 dm² 8 cm² ; 1 cm² 120 mm² ; 1347 mm² ; 13 cm² 47 mm²
b) 67 dm² 9 cm² ; 7a 56 m² ; 56 cm² 6 mm² ; 6 dm² 9 cm² ; 46 dm²-8 cm² 14 mm²
c) 6 m² 34 dm² 28 cm² ; 5 cm² 307 mm² ; 22 dm² ; 1 a
d) 37, 89 dm² ; 3,04 m² ; 12,638 dm² ; 0,021 m² ; 0,006 a ; 0,06 a.

) Rechne mit Hilfe von Größengleichungen schrittweise auf ha um :
a) 23 a ; 230 a ; 2300 a ; 2,3 a ; 0,23 a ; 0,023 a ; 0,0023 a
b) 4 ha 120 a ; 20 km² ; 43 km² 12 ha ; 68 a 42 m² ; 1270 m²
c) 23 a 46 m² ; 2,36 a ; 0,75 a ; 0,75 m² ; 0,75 dm² ; 0,75 km²
d) 733 a ; 1,245 km² ; 56 ha 34 a ; 2136,07 a ; 7806,45 dm².

) Rechne auf die in der Klammer stehende Flächeneinheit um :
a) 6 m² (dm²) ; 6 a (m²) ; 7 ha (a) ; 14 km² (ha) ; 2 dm² (cm²)
b) 4 dm² (mm²) ; 50 m² (cm²) ; 25 km² (a) ; 7 m² (mm²) ; 8 ha (dm²)
c) 36 dm² (m²) ; 28 ha (km²) ; 73 mm² (cm²) ; 820 cm² (dm²) ; 7 km² (ha)
d) 5 m² 17 dm² (m²) ; 3 dm² 7 cm² (dm²) ; 18 cm² (m²) ; 6 mm² (cm²) ; 114 m² (a)
e) 2 ha 2 a (m²) ; 3 ha 3 a 3 m² (ha) ; 17 cm² (m²) ; 33 mm² (dm²).

Weitere Übungen

Zeichne Rechtecke mit folgenden Flächenmaßen: a) 3 cm²   b) 12 cm²   c) 7 cm²   d) 0,15 dm²   e) 400 mm²   f) 48 mm².

Zeichne alle möglichen Rechtecke, die sich durch 64 Quadrate mit der Seitenlänge 1 cm belegen lassen. Schreibe ihre Längen l und Breiten b in Form der folgenden Tabelle auf :

l	
b	

Zeichne das Venn-Diagramm von T_{64} (s. Lernabschnitt 20). Vergleiche dieses Mengenbild mit der Tabelle von Aufgabe 6.

a) Zeichne alle möglichen Rechtecke, die sich durch 13 Quadrate mit der Seitenlänge 1 cm belegen lassen. Schreibe Länge und Breite der Rechtecke auf.
b) Zeichne das Venn-Diagramm von T_{13} und vergleiche mit a).

K 15

Messen an Flächen und Flächenvereinigungen

Mit **Flächenmaßen zu rechnen** und damit Vereinigungsflächen auszumessen, das ist jetzt unser Ziel! Dabei begegnet uns eine **Regel** für Rechtecke und Quadrate.

.1 **Flächenvergleich.** Wenn zwei verschiedene Flächen vorliegen, so ist es für uns oft nützlich sagen zu können, welche das „kleinere" Flächenmaß besitzt. Zu diesem Zweck vereinbaren wir: Von zwei Flächenmaßen gleicher Flächeneinheit ist dasjenige das kleinere, welches die kleinere Maßzahl besitzt.

Beispiel:

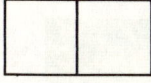

$A_1 = 2$ cm² $A_2 = 3$ cm²   also: $A_1 < A_2$
2 cm² < 3 cm²

32.2 Addieren von Flächenmaßen. Häufig liegen Vereinigungen von Flächen und nicht nur einzelne Flächen vor. Auch den Flächenvereinigungen können wir nach Vereinbarung ein Flächenmaß zuordnen (wenn die Teilflächen höchstens Randpunkte gemeinsam haben): Das Flächenmaß einer Flächenvereinigung erhält man, wenn man alle Teilflächen in der gleichen Flächeneinheit mißt, ihre Maßzahlen addiert und die Flächeneinheit beibehält.

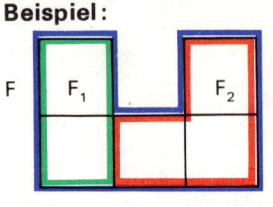

Beispiel:

$F = F_1 \cup F_2$

Für das Flächenmaß A der Gesamtfläche F gilt dann:

$A = 2 \text{ cm}^2 + 3 \text{ cm}^2$
$= 5 \text{ cm}^2$

32.3 Rechnen mit Flächenmaßen. Wenn wir wie in 32.2 vorgehen, können wir auch direkt Flächenmaße addieren bzw. subtrahieren. Dabei erhalten wir Größengleichungen.

Beispiele:

a) $23a + 4a = 27a$

b) $3a \, 4 \text{ m}^2 - 1a \, 30 \text{ m}^2$
$= 304 \text{ m}^2 - 130 \text{ m}^2$
$= 174 \text{ m}^2$

c) $6{,}3a + 0{,}2a$
$= 630 \text{ m}^2 + 20 \text{ m}^2$
$= 650 \text{ m}^2$.

Beachte: Statt $3 \text{ cm}^2 + 3 \text{ cm}^2$ schreibt man oft auch $3 \text{ cm}^2 \cdot 2$. Zum Beispiel gilt also $6 \text{ dm}^2 \cdot 4 = 6 \text{ dm}^2 + 6 \text{ dm}^2 + 6 \text{ dm}^2 + 6 \text{ dm}^2$.

32.4 Rechteck und Quadrat. Besonders häufig ist das Flächenmaß von Rechtecken zu bestimmen. Bei Rechtecken, die die Vereinigung von Einheitsquadraten sind, können w wie in 32.2 vorgehen:

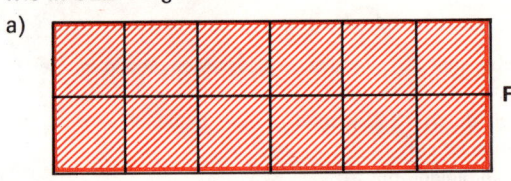

a)

Länge des Rechtecks l = 6 cm
Breite des Rechtecks b = 2 cm

Diese Rechtecksfläche F ist die Vereinigung von $6 \cdot 2$ Quadraten, die je 1 cm^2 messen. Also gilt: **A = 12 cm²**.

b) Dieses Flächenmaß erhält man auch direkt aus Breite und Länge des Rechtecks, wer man so rechnet:

$A = 2 \text{ cm} \cdot 6 \text{ cm}$
$= (2 \cdot 6) \cdot (\text{cm} \cdot \text{cm})$
$= \mathbf{12 \text{ cm}^2}$

c) Die vorangegangene Rechnung zeigt, wie man das Multiplizieren von Längen v einbaren kann. Führen wir jetzt für Länge und Breite eines Rechtecks die Variablen a un ein, so erhalten wir für sein Flächenmaß A folgende Größengleichung:

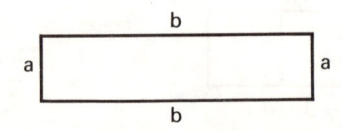

$A = a \cdot b$

d) Bei einem Quadrat mit der Seitenlänge a ergibt sich für das Flächenmaß A:

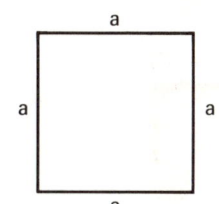

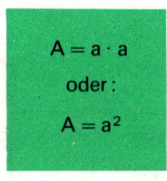

$A = a \cdot a$

oder:

$A = a^2$

Aufgaben mit Lösungen

1. Aufgabe: Berechne: (8,6 a + 9 ha) − (12 ha + 3 a).
Lösung: (8,6 a + 9 ha) − (12 ha + 3 a)
= (860 m² + 90 000 m²) − (120 a + 3 a)
= 90 860 m² − 123 a
= 90 860 m² − 12 300 m²
= **78 560 m²**

2. Aufgabe: Ein Bauplatz mit 12 a 45 m² wird von einem kleinen Bach durchflossen, der 85 m² mißt. 1 m² des Platzes kostet 60 DM.
a) Wieviel DM kostet der gesamte Bauplatz?
b) Wieviel a mißt die „trockene" Fläche?
Lösung: a) Kosten des Bauplatzes: 1) A = 12 a 45 m² = 1245 m².
                      2) Preis: 60 DM · 1245 = **74 700 DM**.
b) Flächenmaß der trockenen Fläche: 12 a 45 m² − 85 m² = 1160 m² = 11,60 a.
Ergebnis: Der Platz kostet 74 700 DM. Die trockene Fläche mißt 11,60 a.

3. Aufgabe: Ein Rechteck ist 2,3 m breit und 7 dm lang.
a) Berechne sein Flächenmaß A.
b) Berechne seinen Umfang U (s. Lernabschnitt 29).
Lösung: a) A = 2,3 m · 7 dm   b) U = 2,3 m · 2 + 7 dm · 2
      = 23 dm · 7 dm   = 46 dm   + 14 dm
      = (23 · 7) dm²   = **60 dm.**
      = **161 dm².**

4. Aufgabe: Ein Rechteck mit der Länge 5 cm mißt 0,4 dm². Berechne seine Breite.
Lösung: Das Flächenmaß eines Rechtecks ergibt sich, wenn man Länge und Breite multipliziert. In unserem Falle gilt also:
    5 cm · b = 0,4 dm²,
oder: 5 cm · b = 40 cm².
Dies ist eine Aussageform für b (s. Lernabschnitt 17), für die man auch schreiben kann:
    b = 40 cm² : 5 cm
oder: b = **8 cm.**
Ergebnis: Das Rechteck hat eine Breite von 8 cm.

K 15

5. Aufgabe: Bestimme bei der folgenden Überlagerungsfigur der Rechtecksflächen F_1 und F_2 das Flächenmaß von $F = F_1 \cup F_2$:

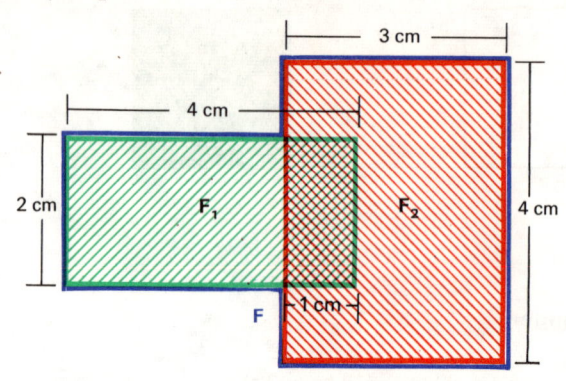

Lösung: Da sich die Flächen überlagern, sind folgende Maße zu berechnen:
Flächenmaß von F_1: $A_1 = 2\,\text{cm} \cdot 4\,\text{cm} = 8\,\text{cm}^2$.
Flächenmaß von F_2: $A_2 = 3\,\text{cm} \cdot 4\,\text{cm} = 12\,\text{cm}^2$.
Flächenmaß von $F_1 \cap F_2$: $A_3 = 1\,\text{cm} \cdot 2\,\text{cm} = 2\,\text{cm}^2$.
Damit ist das Flächenmaß der Gesamtfläche F: $A = 8\,\text{cm}^2 + 12\,\text{cm}^2 - 2\,\text{cm}^2 = \mathbf{18\,\text{cm}^2}$.

Grundübungen

1) Berechne:
   a) $46\,a + 53\,a + 27\,a$
   b) $243\,m^2 + 24\,m^2 - 48\,m^2$
   c) $94\,m^2 - 86\,m^2 + 34\,m^2$
   d) $94\,m^2 - 86\,dm^2 + 34\,dm^2$
   e) $8\,a\ 74\,m^2 + 93\,a\ 6\,m^2 + 84\,m^2$
   f) $43{,}84\,a + 27{,}9\,a + 8{,}61\,a$
   g) $26\,dm^2 - 3\,dm^2\ 46\,cm^2 - 86\,cm^2$
   h) $40{,}8\,ha - 4{,}81\,ha + 0{,}27\,ha$
   i) $76\,a\ 16\,m^2 \cdot 2 + 3\,ha$
   k) $132{,}4\,m^2 : 2 - 0{,}6\,m^2 \cdot 4$.

2) Zeichne die folgenden Figuren in der angegebenen Größe ab und berechne ihr Flächenmaß A (die Zahlen bedeuten Längenmaße in cm):

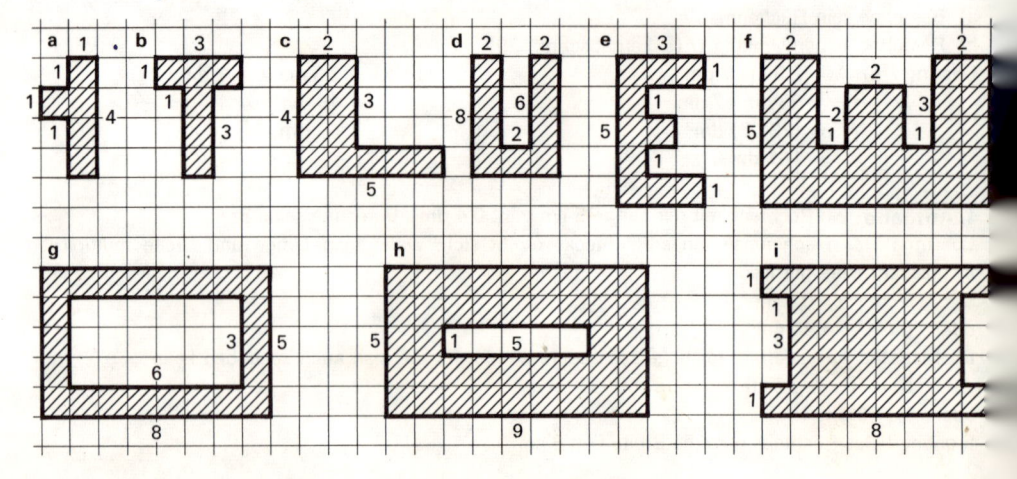

3) Berechne für die folgenden Rechtecke mit den Längen l und den Breiten b jeweils das Flächenmaß A und den Umfang U:

l	12 cm	8,2 cm	2,8 cm	14,5 cm	0,4 m	530 m	0,72 km
b	6 cm	4,5 cm	3,6 cm	7,8 cm	1,8 dm	2 km	345 m

Weitere Übungen

4) Berechne für die folgenden Rechtecke jeweils die fehlenden Größen:

l	3,2 km	8 cm	1,2 dm	28 mm		55 cm	
b	1,6 km			3,4 cm	1,6 cm		28 m
A		48 cm²			128 mm²	46,20 dm²	
U			3,6 dm				92 m

5) Berechne bei den folgenden Überlagerungsfiguren jeweils das Flächenmaß der angegebenen Vereinigungsmenge. Zeichne die Figuren in der angegebenen Größe ab (die Zahlen bedeuten Längenmaße in cm):

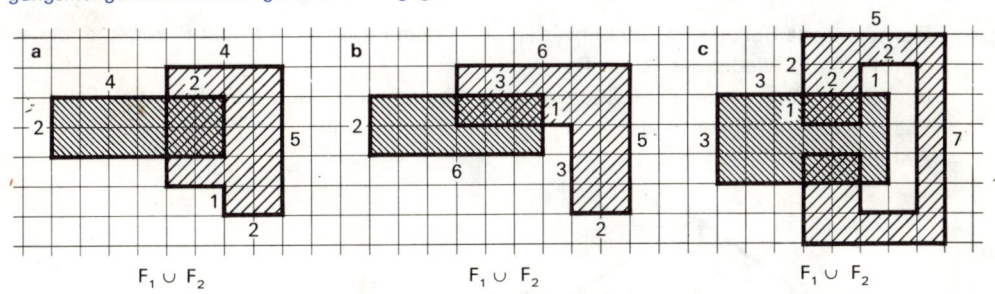

6) Ein Bauplatz ist 80 m lang und 42 m breit.
   a) Was kostet die Umzäunung, wenn 1 m Zaun 8,50 DM kostet?
   b) Was kostet der Bauplatz, wenn 1 m² 58,50 DM kostet?

7) Herr Maier besitzt einen quadratischen Bauplatz mit 50 m Seitenlänge, den er um 44 DM je m² verkauft. Für dieses Geld möchte er in einer anderen Stadt einen Platz kaufen. Es wird ihm ein Grundstück mit der Länge 35 m und der Breite 25 m angeboten, bei dem jeder m² 72 DM kostet. Kann er mit dem Verkaufserlös den neuen Platz erwerben?

K 15

8) In einem Park soll um eine rechteckige Blumenanlage mit 120 m Länge und 60 m Breite ein 3 m breiter Gehweg angelegt werden.
   a) Zeichne einen Plan in geeignetem „Maßstab".
   b) Wieviel m² mißt der Gehweg?

9) Wievielmal so groß wird das Flächenmaß eines Rechtecks, wenn man
   a) die Länge verdoppelt und die Breite nicht verändert,
   b) die Länge nicht verändert, aber die Breite verdoppelt,
   c) Länge und Breite verdoppelt,
   d) die Länge verdoppelt und die Breite halbiert,
   e) die Länge halbiert und die Breite verdoppelt,
   f) die Länge und die Breite halbiert,
   g) die Länge verdreifacht und die Breite vervierfacht?

33 Zweierlei Spiegelungen

Aus vorhandenen Punktmengen lassen sich durch „Schneiden", „Vereinigen" und „Verschieben" neue Punktmengen gewinnen. Dies ist aber auch durch **„Spiegeln"** möglich. Zwei Arten von Spiegelungen lernen wir kennen.

33.1 Eine Spiegelungsvorschrift. a) Nach Wahl eines Punktes Z läßt sich jedem Punkt P der Ebene genau ein Punkt P' („P Strich") zuordnen, wenn wir folgendermaßen verfahren:

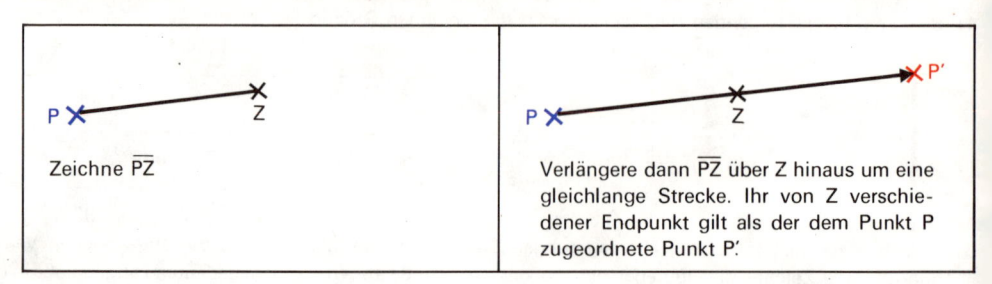

Zeichne $\overline{PZ}$	Verlängere dann $\overline{PZ}$ über Z hinaus um eine gleichlange Strecke. Ihr von Z verschiedener Endpunkt gilt als der dem Punkt P zugeordnete Punkt P'.

Bemerkung: Bei diesem Zeichenverfahren ist dem Punkt P der Punkt P' zugeordnet — und dem Punkt P' wieder der Punkt P!
b) Die in 33.1 eingeführte Zuordnung ermöglicht es, auch Strecken und Figuren der Ebene wieder Strecken und Figuren der Ebene zuzuordnen.
Beispiel:

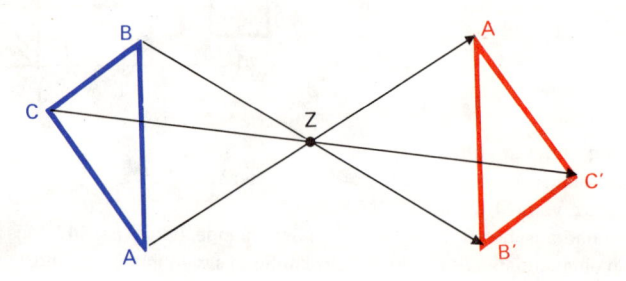

33.2 Bezeichnungen. a) Die in 33.1 eingeführte Zuordnung nennt man auch **„Punktspiegelung"**.
b) Z heißt **„Zentrum"**; die Punkte, von denen der Zuordnungspfeil ausgeht, nennen wir **„Urpunkte"**; die Punkte, in denen der Zuordnungspfeil endet, heißen **„Bildpunkte"**. Entsprechend reden wir von „Urstrecken" und „Urfiguren" bzw. von „Bildstrecken" und „Bildfiguren".
c) Das bei einer Punktspiegelung an Z entstehende Gesamtbild nennen wir **„punktsymmetrische Figur** mit Symmetriezentrum Z". Es geht bei Spiegelung an Z in sich über.
Beispiel: In 33.1b ist A ein Urpunkt, A' sein Bildpunkt. $\overline{AB}$ ist eine Urstrecke, $\overline{A'B'}$ ihre Bildstrecke. Dreieck ABC ist eine Urfigur, Dreieck A'B'C' seine Bildfigur.

33.3 Vergleich. Urfigur und Bildfigur einer Punktspiegelung stimmen in Größe, Form und Orientierung überein, nicht aber in der Lage (s. Bild zu 33.1b).

33.4 Fixpunkt. Das Zentrum einer Punktspiegelung wird sich selbst zugeordnet. Solche Punkte nennen wir „Fixpunkte" der Zuordnung. Z ist also „Fixpunkt" der Punktspiegelung.
Beispiel:

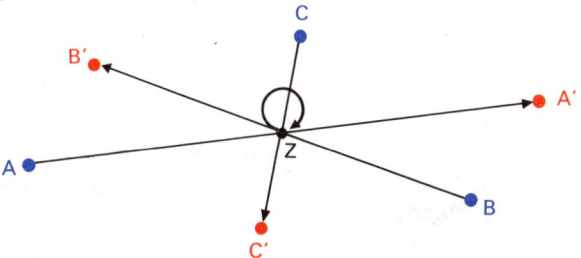

3.5 Eine neue Spiegelungsvorschrift. a) Wir ändern jetzt die Zuordnungsvorschrift ab: Nach Wahl einer Geraden g läßt sich jedem Punkt P der Ebene genau ein Punkt P' zuordnen, wenn wir so verfahren:

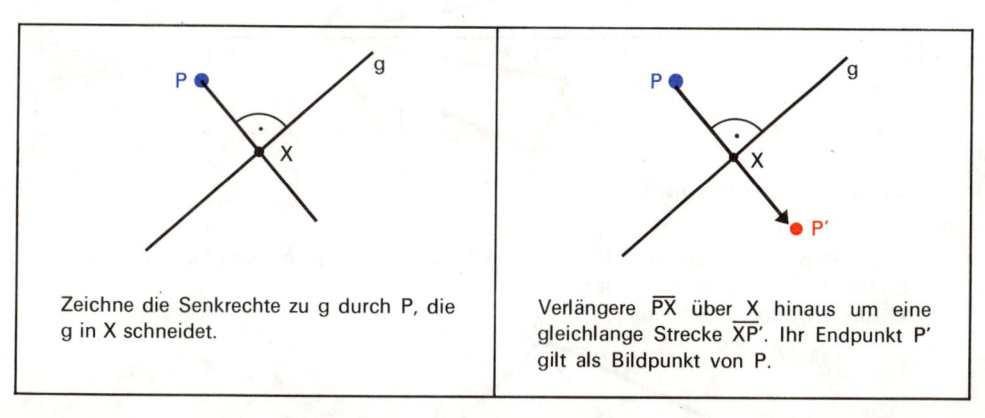

Zeichne die Senkrechte zu g durch P, die g in X schneidet.

Verlängere $\overline{PX}$ über X hinaus um eine gleichlange Strecke $\overline{XP'}$. Ihr Endpunkt P' gilt als Bildpunkt von P.

Bemerkung: Bei diesem Zuordnungsverfahren ist dem Punkt P der Punkt P' zugeordnet — und dem Punkt P' wieder der Punkt P!

b) Die in 33.5 eingeführte Zuordnung ermöglicht es, auch Strecken und Figuren der Ebene wieder Strecken und Figuren der Ebene zuzuordnen.
Beispiel:

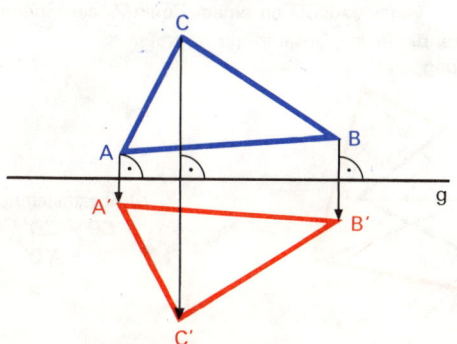

K 15

33.6 Bezeichnungen. Die in 33.5 eingeführte Zuordnung nennt man auch „**Achsenspiegelung**".

Die Gerade g heißt „**Achse**". Die Bezeichnungen „Urpunkt", „Bildpunkt" usw. werden entsprechend verwendet wie in 33.2.

Das bei einer Achsenspiegelung an g entstehende Gesamtbild nennen wir „**achsensymmetrische Figur** mit Symmetrieachse g".

33.7 Vergleich. Urfigur und Bildfigur einer Achsenspiegelung stimmen in Größe und Form überein, nicht aber in der Orientierung und Lage (s. Bild zu 33.8).

33.8 Fixpunkte. Alle Punkte, die auf der Achse liegen, werden sich selbst zugeordnet. Sie sind die Fixpunkte der Achsenspiegelung.

Beispiel:

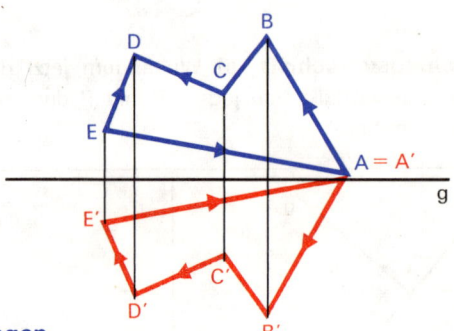

Aufgaben mit Lösungen

1. Aufgabe: a) Spiegle ein Dreieck ABC an einem Punkt Z, der auf dem Mittelpunkt einer Seite liegt.
b) Was für eine Gesamtfigur entsteht?
Lösung: a) Punktspiegelung:

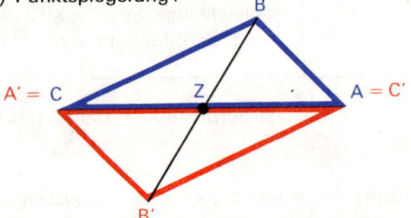

b) Gesamtfigur: Sie ist ein Parallelogramm.
Es gilt: $\overline{AB} \parallel \overline{A'B'}$, $\overline{BC} \parallel \overline{B'C'}$.

2. Aufgabe: a) Spiegle ein Viereck ABCD an einem Punkt Z, der innerhalb des Vierecks liegt.
b) Nenne 2 Parallelenpaare, die in der Gesamtfigur auftreten.
Lösung: a) Punktspiegelung:

b) 2 Parallelenpaare:
$\overline{CD} \parallel \overline{C'D'}$,
$\overline{AD} \parallel \overline{A'D'}$.

3. Aufgabe: a) Spiegle ein Dreieck ABC an einer Achse g, die $\overline{AB}$ schneidet.
b) Wo schneiden sich dann $\overline{AB}$ und $\overline{A'B'}$?
Lösung: a) Achsenspiegelung:

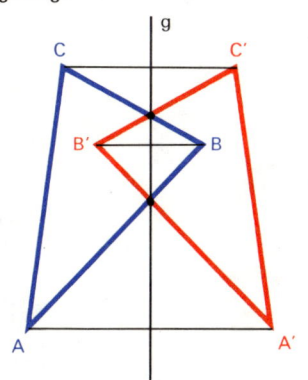

b) $\overline{AB}$ und $\overline{A'B'}$ schneiden sich auf der Achse g.

undübungen

Spiegle ein Quadrat (Rechteck, Parallelogramm, Raute, beliebiges Viereck)
a) an einer Ecke,
b) an der Mitte einer Seite,
c) an einem beliebigen Punkt auf einer Seite,
d) am Schnittpunkt der Diagonalen,
e) an einem beliebigen Punkt innerhalb der Figur,
f) an einem beliebigen Punkt außerhalb der Figur.
Gib jedesmal zwei Paare von Ur- und Bildgeraden an, die zueinander parallel sind. In welchen Fällen geht die Urfigur bei Spiegelung in sich über?
Spiegle ein Quadrat (Rechteck, Parallelogramm, Raute, beliebiges Viereck) an einer Achse g, die
a) durch eine Ecke geht;
b) auf einer Diagonalen liegt;
c) auf einer Seite liegt;
d) durch die Mittelpunkte von zwei gegenüberliegenden Seiten geht.
In welchen Fällen geht die Urfigur bei Spiegelung in sich über?
Zeichne jedes der folgenden Wörter (Buchstaben) ab und trage dann alle Symmetrieachsen bzw. Symmetriezentren ein:

a) M b) O c) X d) XOX e) Z f) IMI

K 15

Zeichne die folgenden Figuren ab und spiegle an Q bzw. g. Was für Gesamtfiguren entstehen?

a) V|g b) ∠Q c) ⌐|g d) AT|g e) ON|g f) ∧Q

Weitere Übungen

5) a) Zeichne die nebenstehende Figur größer ab und spiegle dann das Dreieck ABC an g, sein Bilddreieck A'B'C' an h. So ergibt sich das 2. Bilddreieck A"B"C".
   b) Verbinde jeden Urpunkt mit seinem 2. Bildpunkt. Welche Eigenschaft besitzen alle diese Verbindungsstrecken?

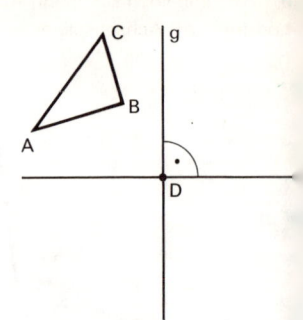

6) a) Zeichne die nebenstehende Figur größer ab und spiegle dann das Dreieck ABC an g, sein Bilddreieck A'B'C' an h. So ergibt sich das 2. Bilddreieck A"B"C".
   b) Verbinde jeden Urpunkt mit seinem 2. Bildpunkt. Welche Eigenschaft besitzen alle diese Verbindungsgeraden?

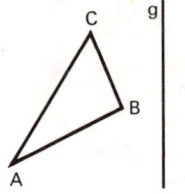

7) Zeichne die folgenden Muster auf Gitterpapier ab. Zeichne dann alle Symmetriezentren und Symmetrieachsen ein, die die **Gesamtfigur** besitzt:

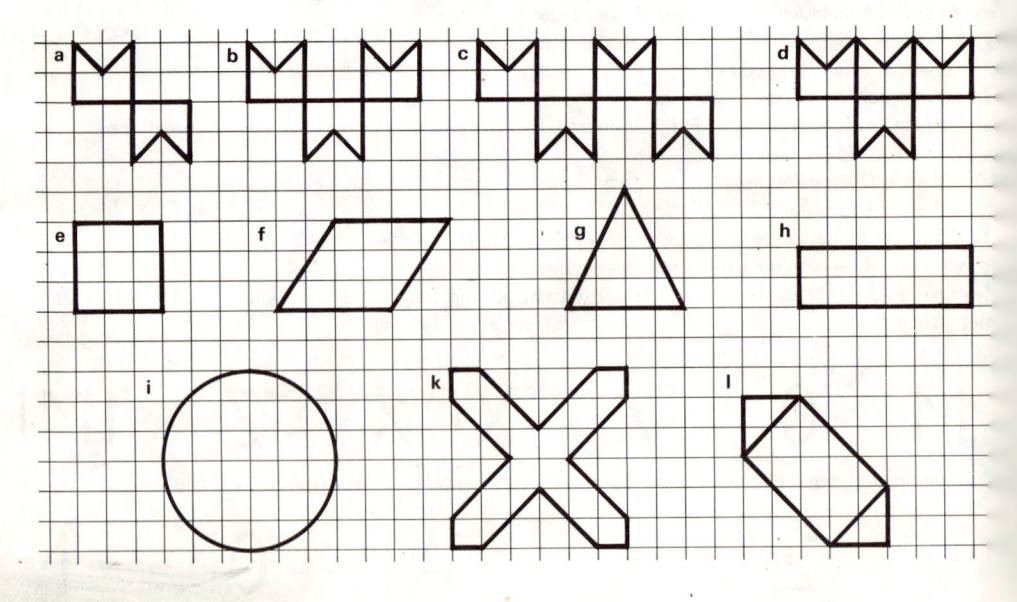

OASE 7

Wir wenden unsere Kenntnisse an
Einfache Anwendungen

Das Rad eines Kraftwagens hat einen Umfang von 2,40 m. Wie oft dreht es sich bei der Fahrt a) von Berlin nach München (620 km), b) von Ulm nach Bonn (450 km)?

Zwei Schiffe fahren von New York nach Hamburg (6700 km). Das eine Schiff legt in der Stunde 18 Seemeilen zurück, das andere 24 Seemeilen (1 Seemeile entspricht etwa 1,8 km).
a) Wie lange braucht jedes Schiff für die Fahrt?
b) Um wieviel Stunden (gerundet!) kommt das schnellere Schiff vor dem anderen an, wenn es gleichzeitig (3 Stunden später) abfährt?

Die Erde umkreist die Sonne, wobei sie in jeder Sekunde 30 km zurücklegt.
a) Wieviel km legt die Erde in einer Minute (einer Stunde) zurück? Wie lange würde dazu ein PKW brauchen, der auf der Autobahn stets mit 130 km/h fährt?
b) Welchen Weg legt die Erde in einem Jahr mit 365 Tagen zurück? (Dies ist die volle Umlaufbahn.)

Der Mondsatellit Lunik II wurde am 12. 9. 1959 gestartet. Er schlug einen Tag später auf dem Mond auf. Wieviel m hat er im Mittel in der Stunde (Sekunde) zurückgelegt, wenn die Entfernung Erde—Mond mit 400 000 km gerechnet wird?

Wähle einen beliebigen deutschen (englischen) Text mit 500 Buchstaben.
a) Zähle die Anzahl der darin vorkommenden Buchstaben a, e, i, o, u, m, n, r, s.
b) Stelle die Anzahl der gefundenen Buchstaben durch Strecken dar, wobei ein Buchstabe 1 mm entspricht.
c) Ziehe Vergleiche über die Häufigkeit der einzelnen Buchstaben, vergleiche auch den englischen und deutschen Text!
d) Eine interessante „Fleißaufgabe": Schreibe den Text groß ab und zerschneide ihn so, daß sich 500 einzelne Buchstaben ergeben. Lege sie alle in eine Schachtel und mische sie. Greife nun 500mal einen beliebigen Buchstaben heraus und stelle die Anzahl der gefundenen Buchstaben wieder wie in b) durch Strecken dar. Was fällt auf? (Ein herausgeholter Buchstabe muß wieder in die Schachtel zurückgelegt werden; alle Buchstaben müssen dann wieder gut gemischt werden, bevor neu gezogen wird.)

Weitere Anwendungen

In einem Gitternetz kann man die Lage von Punkten durch sogenannte „Netzzahlen" genau angeben; zu jedem Punkt gehört ein Paar von Netzzahlen.
Beispiele:

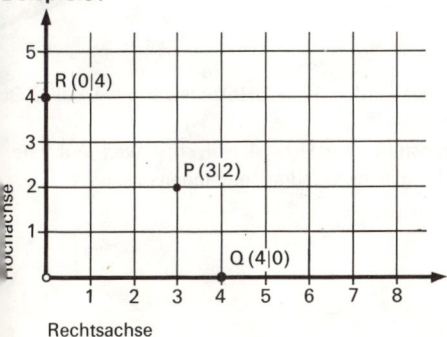

a) P (3|2), lies: „P 3 Strich 2". Die erste Zahl 3 gibt den „Rechtswert" gegenüber 0 an, die zweite Zahl 2 den „Hochwert" gegenüber 0.
b) Q (4|0). Q hat den Rechtswert 4 und den Hochwert 0.
c) R (0|4). R hat den Rechtswert 0 und den Hochwert 4.

Aufgaben: Zeichne in ein cm-Gitternetz die folgenden Punkte ein und verbinde sie dann der Reihe nach durch Strecken. Gib jedesmal an, was für eine Figur entsteht:
  a) A (3|3), B (6|0), C (9|3), D (6|6), A (3|3)
  b) A (2|4), B (7|2), C (9|4), D (7|6), A (2|4)
  c) A (2|2, B (8|2), C (8|6), D (5|8), E 2|6), A (2|2)
  d) A(1|1), B (8|3), C (1|3), E (1|5), F (8|5)
  e) A (1|1), B (7|1), C (7|5), D (1|5), A (1|1)
  f) A (3|2), B (6|2), C (8|4), D (6|6), E (3|6), F (1|4), A (3|2)
  g) A (1|2), B (4|1), C (6|2), D (8|7), E (2|8), F (1|7), A (1|2).

7) Gib zu jedem Eckpunkt der folgenden Figuren das Netzzahlpaar an. (Zeichne die Figuren zuerst ab und gib den Eckpunkten dann Namen A, B, C, ...)

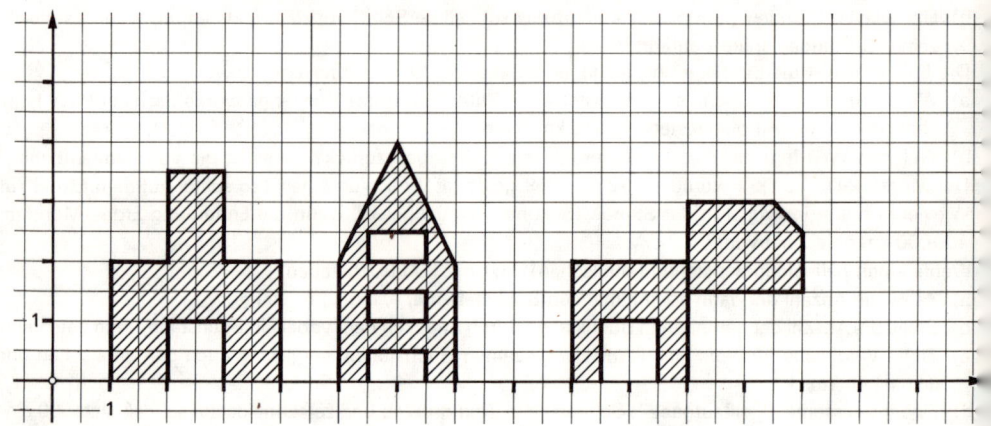

II. Basteln und Spielen

1) Eine interessante Abart der „Achsenspiegelung" erhält man, wenn man die Zuordnungslinien nicht senkrecht zur Achse wählt, sondern schräg — aber untereinander parallel. Eine solche Spiegelung nennt man „Schrägspiegelung".

   Aufgaben:
   a) Spiegle ein Quadrat (Rechteck, Parallelogramm) schräg. Was fällt beim Vergleich von Urfigur und Bildfigur auf?
   b) Spiegle die folgenden Buchstaben schräg: K, L, M, N, X, Y, O.
   c) Zeichne ein Männchen und spiegle es schräg.

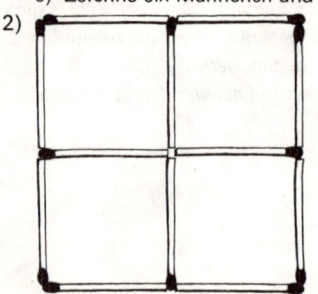

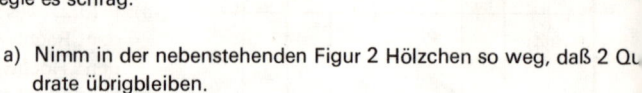

2)
   a) Nimm in der nebenstehenden Figur 2 Hölzchen so weg, daß 2 Quadrate übrigbleiben.
   b) Nimm in der nebenstehenden Figur 4 Hölzchen weg und lege wieder so hin, daß 3 gleiche Quadrate entstehen.

G. Räumliche Punktmengen

Der Würfel

Jetzt falten wir ein Flächenmuster in den „Raum" hinein. Es entsteht ein **Würfel**. Er ist das erste Beispiel einer „räumlichen Punktmenge".

1 Würfelnetz und Würfel. Wir führen mit einem Quadrat Q, das eine Seitenlänge von 1,5 cm besitzt, folgendes Verschiebungsprogramm durch:

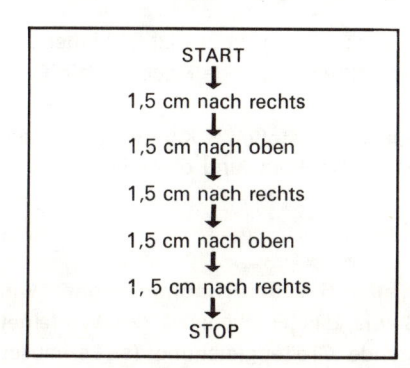

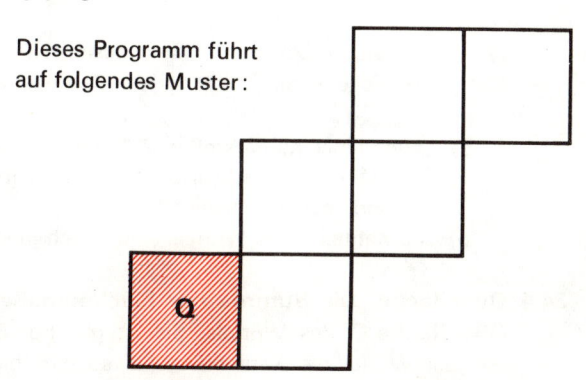

```
    START
      ↓
1,5 cm nach rechts
      ↓
1,5 cm nach oben
      ↓
1,5 cm nach rechts
      ↓
1,5 cm nach oben
      ↓
1, 5 cm nach rechts
      ↓
    STOP
```

Dieses Programm führt auf folgendes Muster:

Wenn wir dieses Muster ausschneiden und räumlich auffalten, so entsteht ein **Körper**. Diesen Körper nennen wir **Würfel**. Er ist eine räumliche Punktmenge. Das ebene Muster, aus dem er entstand, nennen wir **Würfelnetz**.

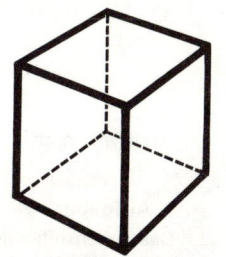

2 Schrägbild. Zu einem **anschaulich-räumlichen Bild eines Würfels** auf dem Zeichenblatt gelangen wir, wenn wir ein Quadrat „schräg", z. B. nach rechts oben, verschieben. Dieser Vorgang, den wir in einem „Verschiebungsfilm" darstellen, führt zu einem sogenannten **„Schrägbild"** des Würfels. (Wird ein solcher Verschiebungsvorgang mit einem quadratischen Stück Papier senkrecht zur Papierfläche im Raum ausgeführt, so überstreicht das Papierstück dabei einen „wirklichen", „räumlichen" Würfel. Unser „Verschiebungsfilm" auf dem Zeichenblatt ist demnach auch das Bild einer räumlichen Verschiebung.)

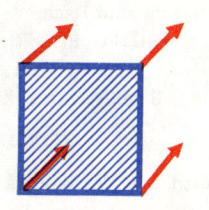

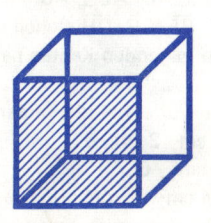

K 16

34.3 Eigenschaften. Der Würfel hat wichtige Eigenschaften:

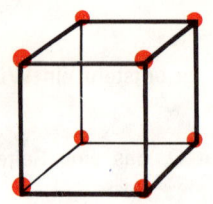

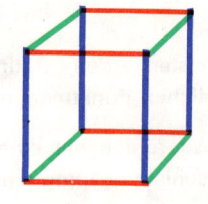

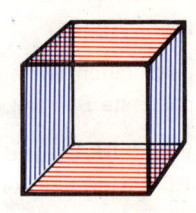

1) a) Er besitzt 8 Ecken; | Er besitzt 12 Kanten; | Er besitzt 6 Flächen;
jede Ecke ist ein Punkt. | jede Kante ist eine Strecke. | jede Fläche ist ein Quadra[t]

b) Längs einer Kante stoßen 2 Flächen, in einer Ecke stoßen 3 Kanten zusammen.
2) a) Die Flächen eines Würfels haben dieselbe Größe, Form und dasselbe Flächenma[ß]. Sie sind „deckungsgleich".
b) Die Kanten eines Würfels sind gleich lang.

34.4 Oberfläche. Die **Summe der Flächenmaße aller 6 Würfelflächen** nennen wir d[ie] **Oberfläche O** des Würfels. Sie ist gleichgroß wie das Flächenmaß des Würfelnetze[s]. Hat der Würfel die Kantenlänge a, so gilt folgende Größengleichung (s. Lernabschn[itt] 32.4):

$$O = a^2 \cdot 6$$

Aufgaben mit Lösungen

1. Aufgabe:
Das nebenstehende Schrägbild stellt einen Würfel dar, der mit der Fläche ABCD auf dem Tisch steht.
a) Wie viele Rechtwinkelkreuze befinden sich an jeder Ecke?
b) Schreibe auf, welche Kanten an der Ecke A senkrecht aufeinanderstehen.
c) Nenne alle Kanten senkrecht zum Tisch.
d) Schreibe alle zu $\overline{AD}$ parallelen Kanten auf.
Lösung:
a) An jeder Ecke befinden sich 3 Rechtwinkelkreuze.
b) $\overline{AD} \perp \overline{AB}$, $\overline{AD} \perp \overline{AE}$, $\overline{AE} \perp \overline{AB}$.
c) Die Kanten $\overline{AE}$, $\overline{BF}$, $\overline{CG}$, $\overline{DH}$ stehen senkrecht zum Tisch.
d) Zu $\overline{AD}$ sind die folgenden Kanten parallel: $\overline{BC}$, $\overline{FG}$, $\overline{EH}$.

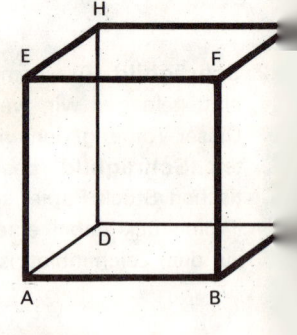

2. Aufgabe: Ein Würfel hat die Kantenlänge 3 cm. Wie groß ist seine Oberfläche O?
Lösung: $O = 3\,\text{cm} \cdot 3\,\text{cm} \cdot 6$
$= 9\,\text{cm}^2 \cdot 6$
$= 54\,\text{cm}^2$. Ergebnis: Die Oberfläche des Würfels mißt 54 cm².

3. Aufgabe: Ein Würfel hat die Oberfläche 96 cm².
a) Wieviel cm² mißt jede Fläche des Würfels? b) Wie groß ist die Kantenlänge des Würfels?
Lösung: a) **Eine** Würfelfläche mißt 96 cm² : 6 = **16 cm²**.
b) Da jede Würfelfläche ein Quadrat ist, muß die Kantenlänge 4 cm sein, denn 4 cm · 4 cm = 16 cm².
Der Würfel hat eine Kantenlänge von 4 cm.

Grundübungen

) Zeichne auf Karton ein Würfelnetz wie in 34.1 so, daß nach dem Ausschneiden und Zusammenkleben ein Würfel mit 1 cm (5 cm, 10 cm) Kantenlänge entsteht. (Beachte, daß geeignete Klebekanten vorgesehen werden!)
Berechne jedesmal die Oberfläche des Würfels.

) Nimm 12 Streichhölzer gleicher Länge (ohne „Kopf") und klebe sie so zusammen, daß ein „Kantenmodell" eines Würfels entsteht.

) Zeichne zwei Netze eines Würfels mit 2 cm (3 cm, 4 cm) Kantenlänge, die sich voneinander und von dem Netz in 34.1 unterscheiden. Färbe die Kanten, die zusammengeklebt würden, mit gleicher Farbe. Gib zu jedem Netz ein Verschiebungsprogramm an.

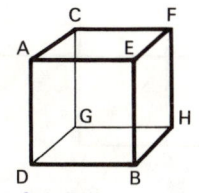

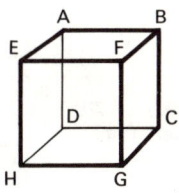

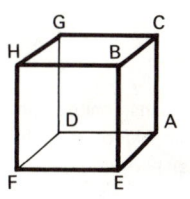

Gib zu jedem der obigen Würfelschrägbilder an,
a) welche Kanten in Wirklichkeit an der Ecke A (C, E, G, H) senkrecht aufeinanderstehen,
b) welche Kanten zu $\overline{CG}$ ($\overline{AE}$, $\overline{GH}$) parallel sind.

Zeichne ein Schrägbild des Würfels mit 2 cm (3,5 cm; 0,6 dm; 1 dm) Kantenlänge und berechne seine Oberfläche O.

Zeichne ein Netz und berechne die Oberfläche einer würfelförmigen, oben offenen Pappschachtel mit 4 cm (3 cm, 2 cm) Kantenlänge.

Aus Draht soll das Kantenmodell eines Würfels mit 5 cm (6,5 cm; 20 cm; 10 cm; 25 cm; 1 m) Kantenlänge gebaut werden. Wieviel cm Draht sind mindestens erforderlich?

Das nebenstehende Bild ist das Schrägbild eines Würfels mit 4 cm Kantenlänge. Fahre die Kanten entlang mit einem Bleistift von der Ecke E (F, D) zur Ecke H (A, G) so, daß jede Würfelkante höchstens einmal durchlaufen wird.
a) Über welche Würfelecken führt der kürzeste Weg? Wie lang ist er?
b) Über welche Würfelkanten führt der längste Weg? Wie lang ist er?

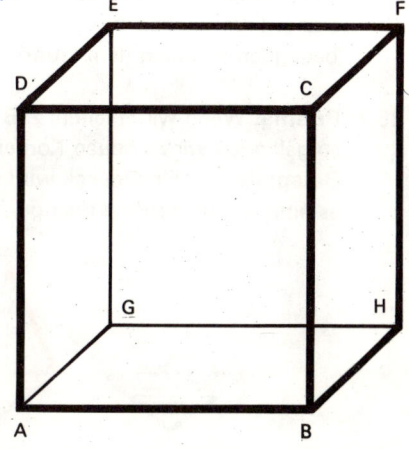

K 16

9) Ein Würfel hat die Oberfläche O = 6 dm² (54 m²; 216 cm²; 54 km²; 1,5 dm²). Wie groß ist seine Kantenlänge?

10) Wie viele gleich große Würfel muß man bauen, um aus ihnen einen Würfel zusammensetzen zu können, dessen Kantenlänge
    a) doppelt, b) viermal, c) fünfmal, d) zehnmal, e) hundertmal so groß ist wie bei den kleinen Würfeln?

11) Ein Würfel wird blau angemalt und dann durch 3 Schnitte (siehe Bild) in acht kleine Würfel zerlegt. Wie viele blaue Flächen besitzt jeder dieser kleinen Würfel?

12) Ein blau bemalter Würfel wird durch 6 Schnitte in 27 kleine Würfel zerlegt.
    a) Zeichne ein Schrägbild mit Schnittlinien.
    b) Wie viele Würfel haben 3 (2, 1, 0) blaue Flächen?

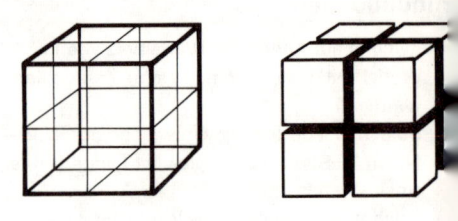

13) Das nebenstehende Netz wird zu einem Würfel zusammengeklebt. Welche der bezeichneten Punkte (Kanten) werden dabei aufeinanderkommen?

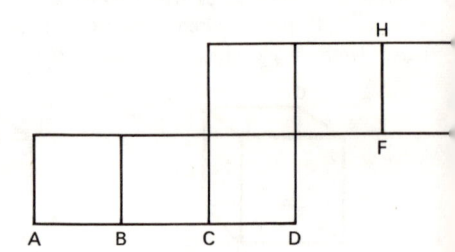

35 Die Prismen

Um zu neuen Körpern zu gelangen, verwenden wir die „räumliche Verschiebung": wie einem Film erleben wir so das Entstehen neuer Körper, die wir **Prismen** nennen. Da begegnen wir auch dem **Quader**. Er ist ein besonderes Prisma.

35.1 Prisma. Wenn wir Flächen, z. B. Dreiecke, Vierecke, Fünfecke usw., im Raum verschieben so gelangen wir zu neuen Körpern. Diese Körper nennt man **Säulen** oder **Prismen**:
Beispiele: a) Ein Dreieck wird verschoben; von der Anfangs- bis zur Endlage überstreicht es eine räumliche Punktmenge, ein Prisma.

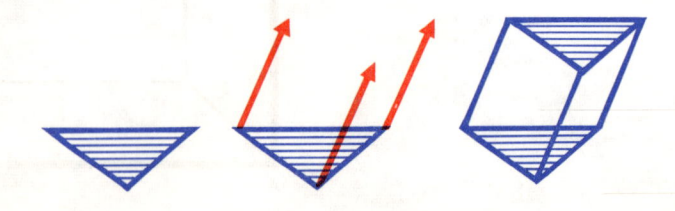

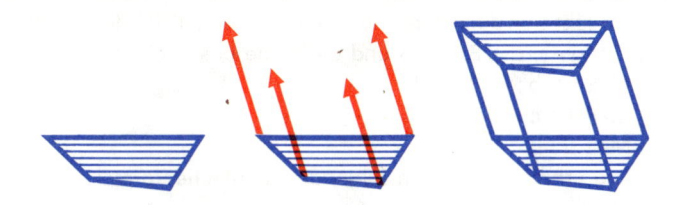

b) Ein Viereck wird verschoben und erzeugt ebenfalls ein Prisma:

5.2 Eigenschaften eines Prismas:

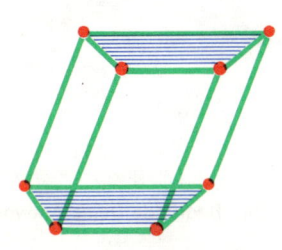

1) Das Prisma besitzt **zwei Grundflächen** (in der Zeichnung schraffiert).
2) Es besitzt **Ecken** (rote Punkte) und **Kanten** (grüne Strecken).
3) Die Grundflächen haben dieselbe Größe und Form. Sie sind parallel zueinander.
4) Diejenigen Prismakanten, welche die beiden Grundflächen verbinden, sind untereinander parallel.

5.3 Quader.
Aus der Vielfalt der Prismen greifen wir eine wichtige Sonderform heraus, den **Quader**:

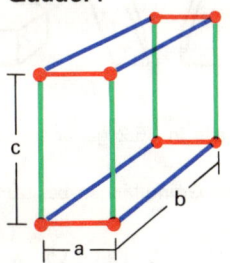

1) Der Quader besitzt **8 Ecken, 12 Kanten** und **6 Flächen**.
2) Jede **Fläche** ist ein **Rechteck**. Je zwei gegenüberliegende Flächen haben gleiche Größe und Form und sind parallel zueinander (,,**deckungsgleiche Flächen**''). Aneinanderstoßende Flächen stehen senkrecht zueinander.
3) Ein Quader ist durch Angabe seiner Breite a, seiner Länge b und seiner Höhe c festgelegt.

5.4 Quadernetz.
Auch den Quader kann man aus einem ebenen Flächenmuster auffalten.

Beispiel eines Quadernetzes:

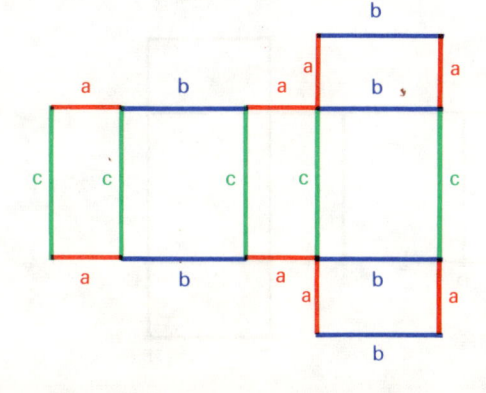

K 16

35.5 Oberfläche. Die **Summe der Flächenmaße aller 6 Quaderflächen** nennen wir d
Oberfläche O des Quaders. Sie ist gleichgroß wie das Flächenmaß des Quadernetzes. W
beim Würfel (vgl. 34.4) läßt sich auch beim Quader eine „Formel" für die Oberfläche O finde
Hat der Quader die Länge a, die Breite b und die Höhe c, so kommen vor:
2 Flächen mit dem Maß a · b;
2 Flächen mit dem Maß a · c;
2 Flächen mit dem Maß b · c.
Durch Summenbildung erhalten wir dann folgende Oberflächenformel:

$$O = 2 \cdot a \cdot b + 2 \cdot a \cdot c + 2 \cdot b \cdot c.$$

35.6 Der Würfel ist eine Sonderform des Quaders.

Aufgaben mit Lösungen

1. Aufgabe: Welche der folgenden Körper sind Prismen, welche nicht? Begründe Deine Antwort!

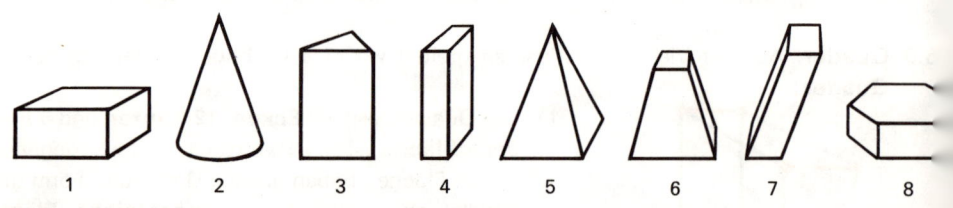

Lösung: a) Die Körper 1, 3, 4, 7 und 8 sind Prismen. Sie besitzen alle in 35.2 genannten Pris
Eigenschaften.
b) Die Körper 2, 5 und 6 sind keine Prismen, da sie nicht zwei gleiche Grundflächen besitzen.

2. Aufgabe: Im untenstehenden Quadernetz sind einige Punkte bezeichnet. Stelle dir vor, wie di
Netz zu einem Quader zusammengeklebt wird. Zeichne jetzt für die Menge der bezeichneten Pu
ein Pfeildiagramm der Zuordnung „wird geklebt auf".

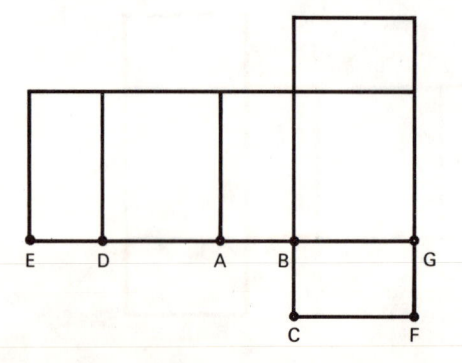

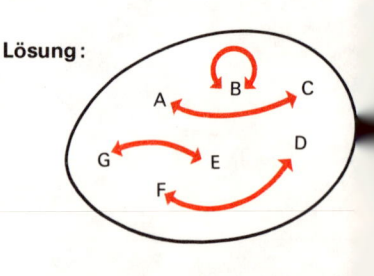

Lösung:

Zuordnung: „wird geklebt auf"

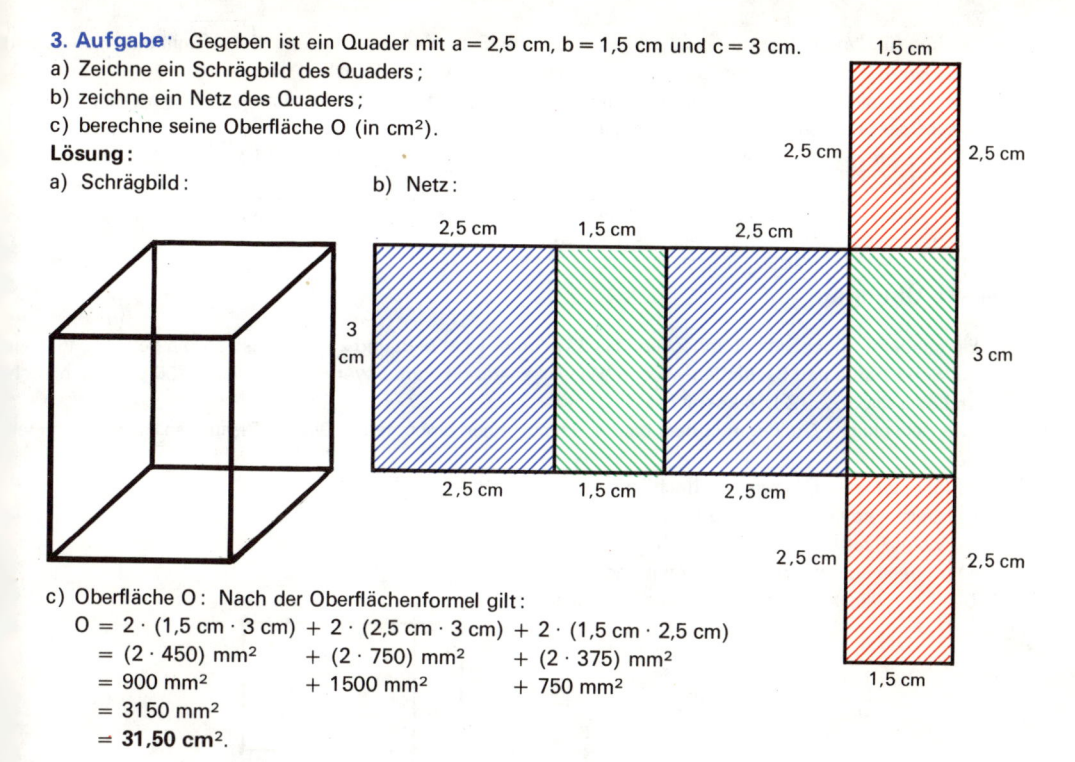

3. Aufgabe· Gegeben ist ein Quader mit a = 2,5 cm, b = 1,5 cm und c = 3 cm.
a) Zeichne ein Schrägbild des Quaders;
b) zeichne ein Netz des Quaders;
c) berechne seine Oberfläche O (in cm²).
Lösung:
a) Schrägbild: b) Netz:

c) Oberfläche O: Nach der Oberflächenformel gilt:
$$O = 2 \cdot (1{,}5 \text{ cm} \cdot 3 \text{ cm}) + 2 \cdot (2{,}5 \text{ cm} \cdot 3 \text{ cm}) + 2 \cdot (1{,}5 \text{ cm} \cdot 2{,}5 \text{ cm})$$
$$= (2 \cdot 450) \text{ mm}^2 \quad + (2 \cdot 750) \text{ mm}^2 \quad + (2 \cdot 375) \text{ mm}^2$$
$$= 900 \text{ mm}^2 \quad\quad + 1500 \text{ mm}^2 \quad\quad + 750 \text{ mm}^2$$
$$= 3150 \text{ mm}^2$$
$$= 31{,}50 \text{ cm}^2.$$

rundübungen

) Zeichne das folgende Bild ab. Bilde dann mit Hilfe einer Mengenschleife
a) die Menge aller Prismen auf diesem Bild;
b) die Menge aller Quader auf diesem Bild.
Welche Teilmengenbeziehung wird erkennbar?

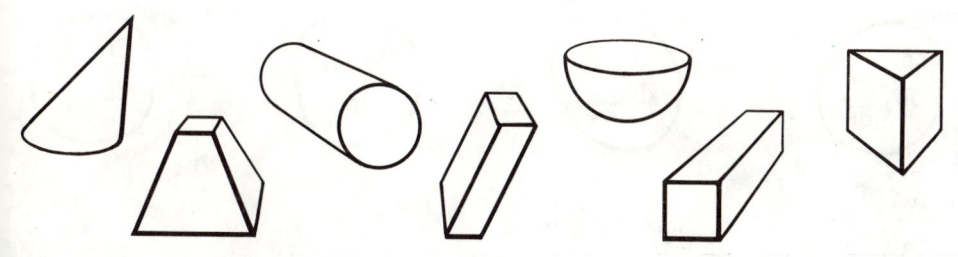

K 16

Zeichne für die folgenden Quader mit der Breite a, der Länge b und der Höhe c je ein Schrägbild, ein Netz und berechne die Oberfläche O:

a	2 cm	2,6 cm	4 cm	0,1 dm	5 cm	3,7 cm	4,9 cm
b	3 cm	3,2 cm	2 cm	4,5 cm	3,7 cm	5 cm	3,1 cm
c	4 cm	3,8 cm	3 cm	0,23 dm	2,2 cm	2,2 cm	0,27 dm

3) Zeichne für den Quader mit a = 3 cm, b = 4 cm, c = 5 cm drei verschiedene Netze. Schneide sie aus und klebe sie zu je einem Quader zusammen. (Vergiß die Klebekanten nicht!)
4) Aus Draht soll das Kantenmodell eines Quaders mit der Breite a, der Länge b und der Höhe c gebaut werden. Wieviel cm Draht braucht man mindestens?

a	6 cm	0,9 dm	2,3 m	12,3 m	0,62 dm	1 km
b	4 cm	0,6 dm	0,7 dm	4,8 m	4,2 dm	2 km
c	9 cm	0,4 dm	6,2 dm	3,7 m	7,3 m	3 km

Weitere Übungen

5) Ein quaderförmiges Schwimmbecken, das 25 m lang, 12 m breit und 2 m hoch ist, soll an den Innenflächen mit Schutzfarbe neu bestrichen werden. Wieviel kostet die Farbe, wenn man zu 1 m² 200 g Farbe braucht und eine Kilodose 12 DM kostet?
6) Wie viele gleiche Quader muß man bauen, um aus ihnen einen neuen Quader zusammensetzen zu können, der
    a) doppelt so lang, breit und hoch ist?
    b) dreimal so lang, breit und hoch ist?
    c) viermal so lang, breit und hoch ist?
    d) doppelt so lang, dreimal so breit und viermal so hoch ist?
7) Das Netz wird zu einem Quader zusammengeklebt.

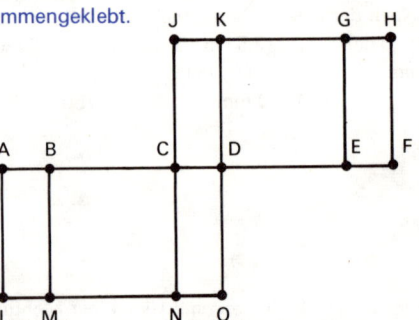

Zeichne für die folgenden Mengen von Strecken die dabei entstehende Zuordnung „wird geklebt auf" als Pfeildiagramm:

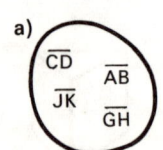

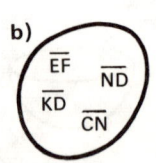

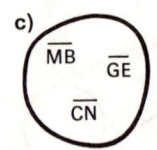

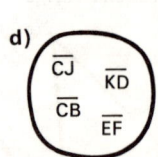

a) $\overline{CD}$, $\overline{AB}$, $\overline{JK}$, $\overline{GH}$

b) $\overline{EF}$, $\overline{ND}$, $\overline{KD}$, $\overline{CN}$

c) $\overline{MB}$, $\overline{GE}$, $\overline{CN}$

d) $\overline{CJ}$, $\overline{KD}$, $\overline{CB}$, $\overline{EF}$

H. Messen von räumlichen Punktmengen

36 Raummessung und Masseneinheiten

Auch **Körper** lassen sich „messen": statt eines „Flächengitters" legen wir ein „Raumgitter" in den Körper hinein.

36.1 Raumgitter.
Wir können einen Würfel W im Raum mehrfach so verschieben, daß ein räumliches Gitternetz entsteht. Dieses Raumgitter nennen wir **„Raumgitter mit Raumeinheit W"**.

Beispiel:
Dies ist ein Raumgitter mit Raumeinheit W. Dabei ist W ein Würfel mit 2 cm Kantenlänge. In diesem Raumgitter befindet sich auch ein Quader.

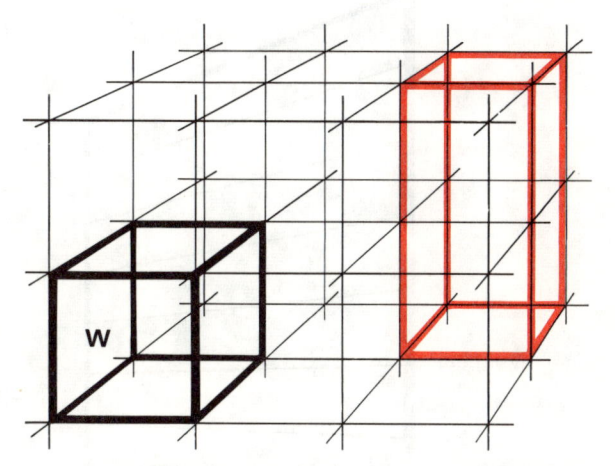

36.2 Raummessung.
Setzen wir räumliche Punktmengen in ein vorhandenes Raumgitter, so können wir häufig feststellen, wie viele Raumeinheiten diese Körper genau überdecken. Auf diese Weise ordnen wir räumlichen Punktmengen ein Raummaß zu. Diesen Zuordnungsvorgang nennen wir „Raummessung" und sagen, daß sich durch ihn das **„Raummaß V"** (Volumen) dieser Körper ergibt.

Beispiel: Im obigen Raumgitter befindet sich ein roter Quader, der genau 2 Raumeinheiten überdeckt.
Wir sagen: Der Quader hat ein Raummaß von 2 W-Einheiten.

36.3 Raumeinheiten.
Wenn wir die Raumeinheit verändern, verändern wir auch das Gitter. Um zu **einheitlichen Raumgittern** zu gelangen, wurde folgendes vereinbart:

a) Ein Würfel mit der Kantenlänge 1 m ist die Raumeinheit eines „Kubikmeter-Gitters".
Das Raummaß dieses „Meterwürfels" ist 1 m^3 („1 Meter hoch drei").

b) durch Unterteilung bzw. Vergrößerung dieses „Meterwürfels" gelangt man zu weiteren wichtigen Raummaßen:

K 17

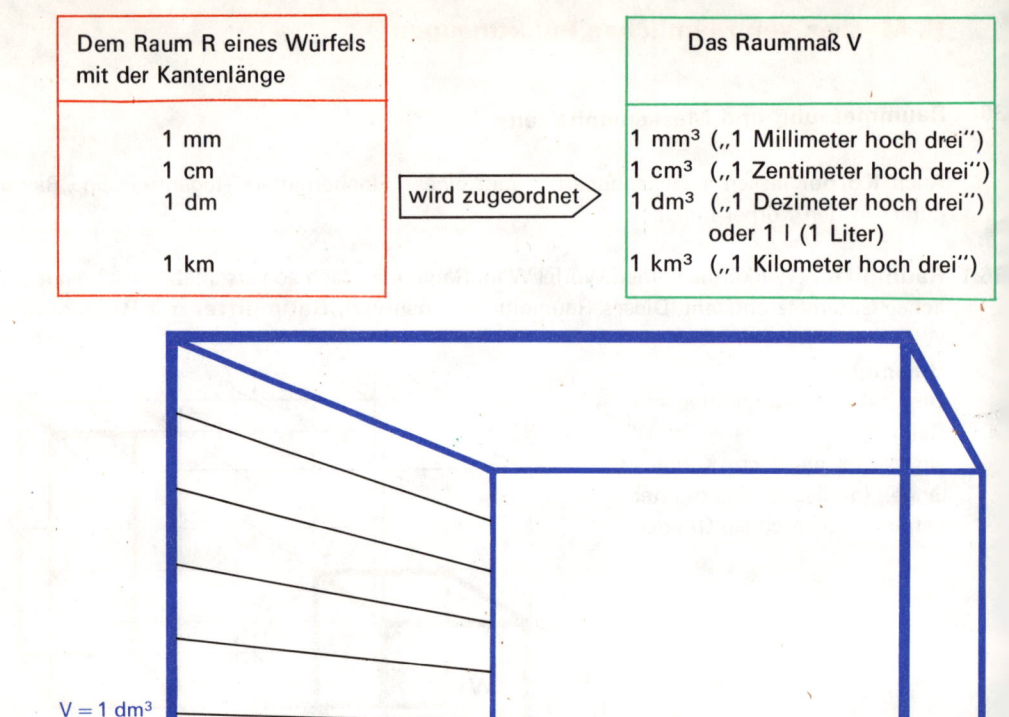

Dem Raum R eines Würfels mit der Kantenlänge		Das Raummaß V
1 mm 1 cm 1 dm 1 km	wird zugeordnet	1 mm^3 („1 Millimeter hoch drei") 1 cm^3 („1 Zentimeter hoch drei") 1 dm^3 („1 Dezimeter hoch drei") oder 1 l (1 Liter) 1 km^3 („1 Kilometer hoch drei")

$V = 1\ dm^3$

$V = 1\ cm^3$

$V = 1\ mm^3$

36.4 Tabelle. Aus den vorigen Vereinbarungen ergeben sich folgende Zusammenhänge zwischen den Raummaßen:

1 m^3 = 1000 dm^3	1 dm^3 = 0,001 m^3
1 dm^3 = 1000 cm^3	1 cm^3 = 0,001 dm^3
1 cm^3 = 1000 mm^3	1 mm^3 = 0,001 cm^3

36.5 Größengleichung. Die Tabelle in 36.4 zeigt, daß **ein** Raummaß auf **verschiedene** Weise geschrieben werden kann. Von einer Raumeinheit zur anderen ist dabei die Umrechnungszahl 1000. Es entstehen Größengleichungen.
Beispiele:
1) 23 dm³ = 23 000 cm³ = 23 000 000 mm³;
2) 23 cm³ = 0,023 dm³ = 0,000 023 m³.

36.6 Masseneinheiten. Mit Hilfe der Raummaße werden die Einheiten für die Masse festgelegt:
1 Liter Wasser hat bei 4° Celsius die Masse 1 kg („1 Kilogramm").
Die Masseneinheiten, die am häufigsten vorkommen, sind:
t (Tonne), kg (Kilogramm), g (Gramm), mg (Milligramm).
Ihre Zusammenhänge sind in der folgenden Tabelle zusammengestellt:

1 t = 1000 kg	1 kg = 0,001 t
1 kg = 1000 g	1 g = 0,001 kg
1 g = 1000 mg	1 mg = 0,001 g

Diese Tabelle zeigt, daß **eine** Masse auf **verschiedene** Weise geschrieben werden kann. Von einer Masseneinheit zur anderen ist dabei die Umrechnungszahl 1000.
Beispiele:
1) 23 kg = 23 000 g = 23 000 000 mg;
2) 32 g = 0,032 kg = 0,000 032 t.

Aufgaben mit Lösungen

1. Aufgabe: Rechne 2 m³ 3 l schrittweise auf cm³ um:
Lösung: 2 m³ 3 l = 2 m³ 3 dm³ = 2000 dm³ 3 dm³ = 2003 dm³ = 2 003 000 cm³.

2. Aufgabe: Rechne 24 l schrittweise auf m³ um:
Lösung: 24 l = 24 dm³ = 0,024 m³.

3. Aufgabe: Rechne 6 t 3 kg schrittweise auf g um:
Lösung: 6 t 3 kg = 6003 kg = 6 003 000 g.

4. Aufgabe: Rechne 300 g schrittweise auf t um:
Lösung: 300 g = 0,3 kg = 0,0003 t.

ndübungen

Bastle einen Würfel mit 1 dm Kantenlänge, der oben offen ist. Baue dann 10 Würfel mit 1 cm Kantenlänge und lege sie als eine Reihe in den großen Würfel hinein.
a) Wie viele solcher Reihen ergeben eine „Schicht"?
b) Wie viele Schichten muß man aufeinanderlegen, um den großen Würfel ganz zu füllen?

K 17

2) Rechne schrittweise auf die in der Klammer angegebene Raumeinheit um:
   a) 4 m³ (cm³); 6 l (mm³); 6,4 dm³ (cm³); 0,3 km³ (l); 2 l 3 cm³ (mm³)
   b) 2 dm³ 4 cm³ (cm³); 1 m³ 1 l (cm³); 3,6 m³ (l); 12,03 dm³ (cm³); 12,30 dm³ (mm³)
   c) 9 cm³ (dm³); 90 dm³ (m³); 3 l 2 cm³ (l); 3 l 20 cm³ (l); 3 l 200 cm³ (m³)
   d) 0,63 dm³ (m³); 8,621 l (cm³); 8,621 l (m³); 4,34 m³ (km³); 300,49 dm³ (m³)

3) Rechne schrittweise auf die in der Klammer angegebene Masseneinheit um:
   a) 4 kg (g); 3 t (g); 12 kg 125 g (g); 3437 g (mg); 37 t 3 kg (g); 12 g (mg)
   b) 3 t 3 g 3 mg (mg); 4 t 9 kg (kg); 13 t 947 kg (g); 13 t 9470 kg (kg)
   c) 4925 kg (t); 373 kg (t); 62 kg (t); 367 mg (g); 4928 mg (kg)
   d) 3,7 t (kg); 0,65 kg (t); 37,6 g (kg); 9,56 g (mg); 23,79 t (kg).

4) Schreibe die folgenden Aufgaben ab und fülle die Leerstellen richtig mit Maßzahlen oder Größeneinheit aus:
   a) 12 t = ☐ kg
   b) 4 cm³ = 4000 ☐
   c) 3 l = ☐ m³
   d) ☐ t = 7000 kg
   e) ☐ t = 70 000 kg
   f) 817 g = ☐ mg
   g) 13 cm³ = 0,013 ☐
   h) 95 m³ = 95 000 000 ☐
   i) 67,2 l = 0,0672 ☐
   k) 2 g = 0,002 ☐
   l) 2 g = 2000 ☐
   m) 0,2 kg = ☐ g.

Weitere Übungen

5) Bastle einen Quader mit a = 5 cm, b = 5 cm, c = 10 cm.
   a) Wie viele Würfel mit 1 cm Kantenlänge sind notwendig, um ihn ganz damit zu „füllen"?
   b) Zeichne auf der Oberfläche dieses Quaders überall ein cm-Gitternetz auf.

6) Denke dir die folgenden Quader mit den Kantenlängen a, b, und c in ein Raumgitter hineingestellt, dess Raumeinheit 1 cm³ ist. Wie viele Würfel von 1 cm Kantenlänge überdecken sie dann genau? Wie groß also jeweils ihr Raummaß?

a	2 cm	3 dm	6 cm	3 cm	1 dm	1 dm	1 dm
b	3 cm	3 dm	1 cm	2 cm	1 dm	1 cm	1 cm
c	4 cm	3 dm	2 cm	4 cm	1 cm	1 cm	1 dm

7) Wie ändert sich das Raummaß (die Oberfläche) eines Würfels, wenn man seine Kantenlänge verdopp (verdreifacht, vervierfacht, verzehnfacht)?

8) Das Raummaß des großen Heidelberger Fasses ist 221,726 m³. Wie viele Halbliterflaschen könnte r daraus abfüllen?

9) In der folgenden Übersicht sind Länge und Abschußgewicht einiger Raketen angegeben:

	Länge (m)	Abschußgewicht (t)
Atlas	24,8	120
Jupiter	17,4	47
Polaris	8,4	12,5
Titan	30,0	100
Minuteman	18,0	29
Corporal	13,5	4,9
Pershing	10,5	4,7
Sergeant	10,5	4,5

   a) Ordne die Raketen nach ihrer Länge, dann nach ihrem Gewicht. Die längste bzw. die schwerste Ra soll dabei zuerst genannt werden.
      Stimmen beide Ordnungen überein?
   b) Stelle die Länge der Raketen durch Strecken dar, wobei 1 m Länge in der Zeichnung 1 cm entspre soll.
   c) Stelle die Gewichte der Raketen durch Strecken dar, wobei 1 t in der Zeichnung 1 mm entsprechen

37 Messen an Körpern

Mit **Raummaßen zu rechnen** und damit Körper auszumessen, das ist jetzt unser Ziel. Dabei begegnet uns eine **Regel** für Würfel und Quader.

37.1 Raumvergleich. Wenn zwei verschiedene Körper vorliegen, so ist es für uns oft nützlich, sagen zu können, welcher das „kleinere" Raummaß besitzt. Zu diesem Zweck vereinbaren wir: Von zwei Raummaßen gleicher Raumeinheit ist dasjenige das kleinere, welches die kleinere Maßzahl besitzt.

Beispiel:

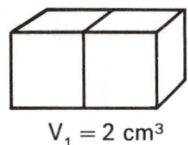

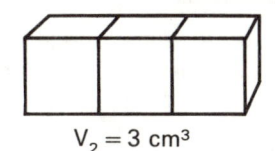

$V_1 = 2 \text{ cm}^3 \qquad V_2 = 3 \text{ cm}^3 \qquad \text{also:} \qquad V_1 < V_2$
$$2 \text{ cm}^3 < 3 \text{ cm}^3$$

37.2 Addieren von Raummaßen. Häufig liegen Vereinigungen von räumlichen Punktmengen und nicht nur einzelne Punktmengen vor. Auch den Raumvereinigungen können wir nach Vereinbarung ein Raummaß zuordnen (wenn die Teilkörper höchstens Flächen gemeinsam haben):

Das Raummaß einer Raumvereinigung erhält man, wenn man alle Teilkörper in der gleichen Raumeinheit mißt, ihre Maßzahlen addiert und die Raumeinheit beibehält.

Beispiel:

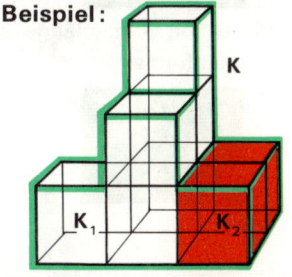

$K = K_1 \cup K_2$

Für das Raummaß V des Gesamtkörpers K gilt:
$V = 6 \text{ cm}^3 +$
$ = 8 \text{ cm}^3$

37.3 Rechnen mit Raummaßen. Wenn wir wie in 37.2 vorgehen, können wir auch direkt Raummaße addieren bzw. subtrahieren. Dabei erhalten wir Größengleichungen.

Beispiele:
a) $\quad 32 \text{ m}^3 + 6 \text{ m}^3 = 38 \text{ m}^3$
b) $\quad 32 \text{ cm}^3 - 100 \text{ mm}^3$
$\quad = 32\,000 \text{ mm}^3 - 100 \text{ mm}^3$
$\quad = 31\,900 \text{ mm}^3$
c) $\quad 2{,}6 \text{ m}^3 + 0{,}8 \text{ m}^3$
$\quad = 2600 \text{ dm}^3 + 800 \text{ dm}^3$
$\quad = 3400 \text{ dm}^3$.

Beachte: Statt $3 \text{ cm}^3 + 3 \text{ cm}^3$ schreibt man oft $3 \text{ cm}^3 \cdot 2$. Zum Beispiel gilt also:
$6 \text{ cm}^3 \cdot 4 = 6 \text{ cm}^3 + 6 \text{ cm}^3 + 6 \text{ cm}^3 + 6 \text{ cm}^3$

K 17

37.4 Rechnen mit Masseneinheiten. Die Erklärungen in 37.1–3 gelten sinngemäß auch für Masseneinheiten.

37.5 Quader und Würfel. Besonders häufig ist das Raummaß von Quadern zu bestimmen. B
Quadern, die die Vereinigung von Einheitswürfeln sind, können wir wie in 37.2 vorgehen:

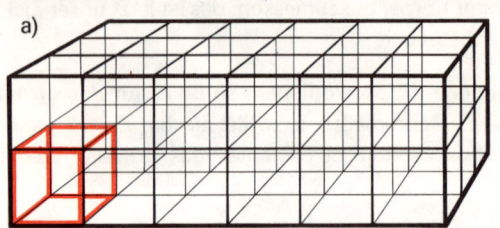

a)

Länge des Quaders a = 6 cm
Breite des Quaders b = 3 cm
Höhe des Quaders   c = 2 cm

Dieser Quader ist die Vereinigung von 36 Würfeln, die je 1 cm³ messen. Also gilt: V = 36 cr
b) Dieses Raummaß erhält man auch direkt aus Länge, Breite und Höhe des Quaders, we
man so rechnet (vgl. 32.4):

V = 6 cm · 3 cm · 2 cm
 = (6 · 3 · 2) · (cm · cm · cm)
 = **36 cm³**.

c)

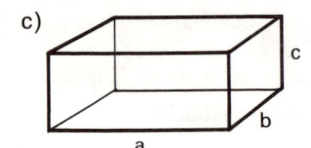

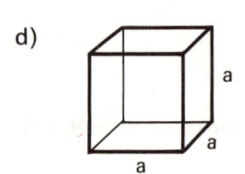

Führt man für Länge, Breite und Höhe ei
Quaders die Variablen a, b und c ein, so erg
sich die folgende Raumformel:

$$V = a \cdot b \cdot c$$

Bei einem Würfel mit Kantenlänge a erg
sich folgende Raumformel:

$$V = a \cdot a \cdot a$$
oder:
$$V = a^3$$

d)

Aufgaben mit Lösungen

1. Aufgabe: Berechne: (8,6 kg + 3000 g) − (2 kg − 0,5 kg).
Lösung: (8,6 kg + 3000 g) − (2 kg − 0,5 kg)
 = 11,6 kg − 1,5 kg
 = **10,1 kg**.

2. Aufgabe: Berechne das Raummaß V und die Oberfläche O
 a) eines Quaders mit a = 5 cm, b = 0,06 m und c = 4 cm;
 b) eines Würfels mit der Kantenlänge a = 1,1 cm.
Lösung:
a) 1. Nach der Raumformel gilt:
  V = 5 cm · 0,06 m · 4 cm
   = 5 cm · 6 cm · 4 cm
   = (5 · 6 · 4) cm³
   = **120 cm³**.

2. Nach der Oberflächenformel (s. 35.5) gilt:
  O = 30 cm² · 2 + 20 cm² · 2 + 24 cm² · 2
   = 60 cm² + 40 cm² + 48 cm²
   = **148 cm²**.

b) 1. Nach der Raumformel gilt:
   V = 1,1 cm · 1,1 cm · 1,1 cm
     = 11³ mm³
     = **1331 mm³**.

2. Nach der Oberflächenformel (s. 34.4) gilt:
   O = (1,1 cm · 1,1 cm) · 6
     = 121 mm² · 6
     = **726 mm²**.

3. Aufgabe: Eine Baugrube soll 10 m lang, 8 m breit und 3,5 m tief werden.
a) Wieviel m³ Erde müssen ausgehoben werden?
b) Jeder m³ Erde hat eine Masse von 2 t. Wieviel t beträgt der gesamte Erdaushub?
c) Zum Abtransport der Erde steht ein 4-t-LKW zur Verfügung. Wie oft muß er fahren?
d) Wie teuer kommt der Transport, wenn jede LKW-Fahrt 8 DM kostet?
Lösung:
a) Wir fassen die Baugrube als Quader auf. Dann gilt:
   V = 10 m · 8 m · 3,5 m
     = 100 dm · 80 dm · 35 dm
     = 280 000 dm³
     = **280 m³**.
Es müssen 280 m³ Erde ausgehoben werden.
b) Die Masse des gesamten Aushubs beträgt: 280 m³ · 2 t = **560 t**.
c) Für die Anzahl der LKW-Fahrten gilt: 560 t : 4 t = **140**.
Es müssen 140 Fahrten ausgeführt werden.
d) Die Kosten betragen: 8 DM · 140 = **1120 DM**.

4. Aufgabe: Ein Würfel mißt 27 cm³. Berechne seine Kantenlänge a und seine Oberfläche O.
Lösung: 1) Für seine Kantenlänge a gilt nach der Raumformel: a · a · a = 27 cm³.
Wir zerlegen 27 cm³ in gleiche Faktoren und erhalten: a · a · a = 3 cm · 3 cm · 3 cm.
Also ist die Kantenlänge des Würfels: **a = 3 cm**.
2) Nach der Oberflächenformel ergibt sich:
   O = 3 cm · 3 cm · 6
     = 9 cm² · 6
     = **54 cm²**.

Grundübungen

Berechne:

	a)	b)	c)	d)
	2,3 dm³	3,207 m³	12 m³	0,2875 dm³
	7,204 dm³	+ 4,8596 m³	− 0,2690 m³	+ 12,604 dm³
	3,685 dm³	+ 0,0004 m³	− 4,638 m³	− 3,0028 dm³
+	7,309 dm³	− 2,6043 m³	− 5,2738 m³	+ 4,7289 dm³

e) 4,753 m³ + 0,29 m³ − 1260 dm³
f) 24,03 dm³ − 4,481 l + 6,34 dm³ − 0,021 m³
g) 9,75 dm³ · 2 + 12,6 l · 4 − 3,4 dm³
h) (32 cm³ − 0,02 l + 4,6 dm³) · 4
i) (68,04 m³ − 9,42 m³ − 6,7 m³) · 12
k) 68,04 m³ − (9,42 m³ − 6,7 m³) · 12.

K 17

2) Berechne das Raummaß V und die Oberfläche O der folgenden Quader mit den Kantenlängen a, b und c ordne die Quader nach der Größe von V, dann nach der Größe von O. Stimmen beide Ordnungen überein?

a	9 cm	12 dm	4,3 m	22,50 m	14,5 dm	1 km	11,4 m
b	6,5 cm	4,8 dm	18,2 m	380 cm	2,10 dm	1 m	8,5 m
c	4 cm	5,2 dm	0,2 m	520 cm	37 cm	1 dm	0,9 m

3) Berechne das Raummaß V und die Oberfläche O der Würfel mit der Kantenlänge 2,4 dm (0,45 m; 1,25 m 11,5 cm; 1,45 dm; 0,65 m). Ordne die Würfel nach der Größe von V, dann nach der Größe von O. Stimmen die beiden Ordnungen überein?

4) Bei einem Weinhändler lagern 5 Fässer zu je 210 l Weißwein, 4 Fässer zu je 150 l Rotwein und 12 Fässer zu je 1250 l Weißherbst (ein hellroter Wein). Wieviel l Wein sind insgesamt gelagert?

5) Ein Wohnraum ist 6,2 m lang, 4,3 m breit und 2,4 m hoch. Wieviel m³ Luft sind in diesem Raum enthalten wenn er leer ist?

6) Ein quaderförmiges Schwimmbassin ist 25 m lang, 12 m breit und 3 m hoch. Es soll bis zu einer Höhe von 2 m mit Wasser gefüllt werden.
   a) Wieviel m³ mißt das ganze Becken?
   b) Wieviel l Wasser müssen eingefüllt werden?

Weitere Übungen

7) Berechne:
   a) 3 m³ · 4 − 12 m³ : 3   b) (4 dm · 3 cm · 2 cm) · 5   c) (12 dm − 2,6 dm · 3 cm) : 4
   d) 1247 mm³ · 8 − 3,52 cm³   e) 4,5 dm³ : 5 + 7 dm³ 50 cm³ · 20   f) 21 dm³ 500 cm³ : 50
   g) (265 l : 5 − 12 dm³) · 18 h) 0,625 dm³ : 25   i) 0,625 dm³ : 25 dm³.

8) Ein Würfel hat das Volumen V = 216 cm³ (8 mm³, 729 dm³, 125 000 cm³).
   a) Wie groß ist seine Kantenlänge?
   b) Wie groß ist seine Oberfläche?

9) Berechne für jeden der folgenden Quader die fehlenden Größen:

a	4,9 cm	8 dm	3,75 m	12 cm	0,4 dm	0,2 dm	
b	2,6 dm	9 dm	18,3 dm	3 cm	0,4 dm		0,4 dm
c	0,75 m		0,03 km			0,2 dm	0,2 dm
V		504 dm³		3600 cm³			
O					48 cm²	48 cm²	48 cm²

10) Berechne Rauminhalt und Oberfläche der folgenden, aus Eisen bestehenden Körper (die eingetragenen Zahlen bedeuten cm-Angaben); zeichne die Körper ab.

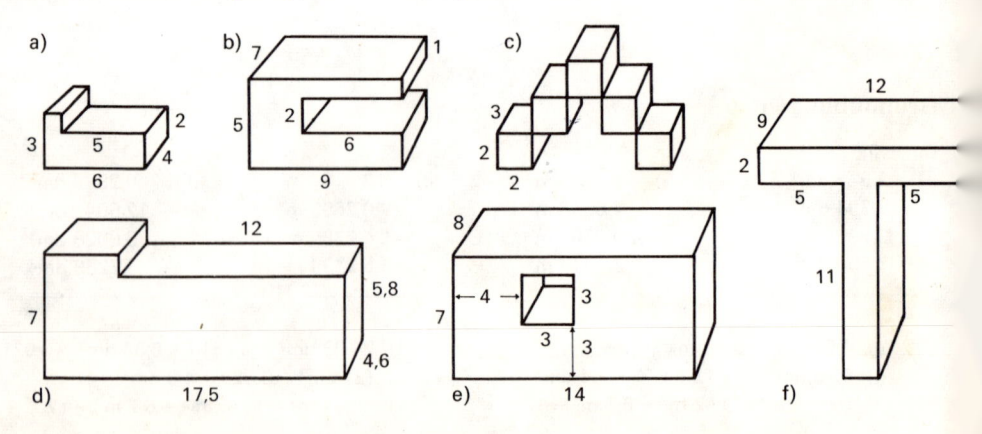

1) Berechne für jeden der Körper von Aufgabe 10) auch die Masse. Es ist bekannt, daß 1 cm³ Eisen dieser Körper 8 g wiegt.
2) Im Monat Januar fielen in Frankfurt 45 mm Regen (das bedeutet: Wenn man in einem Gefäß den ganzen Monat über den Regen sammelt, so steht das Regenwasser in diesem Gefäß 45 mm hoch). Wieviel cm³ Regenwasser sind auf eine Grundfläche von 1 m² (1 a) gefallen?
3) In Stuttgart wurde über ein ganzes Jahr Monat für Monat die Niederschlagsmenge gemessen. Es fielen von Januar bis Dezember folgende Niederschläge: 55 mm, 42 mm, 48 mm, 55 mm, 56 mm, 68 mm, 86 mm, 88 mm, 60 mm, 65 mm, 50 mm, 60 mm.
   a) Stelle die Niederschlagshöhen durch parallele Strecken dar.
   b) Wieviel cm³ Regenwasser sind in jedem Monat (Vierteljahr, Halbjahr, Jahr) auf 1 m² Grundfläche gefallen?
4) Für die Baukosten eines geplanten Hauses wird ein Voranschlag gemacht. Dazu wird das Haus als Quader gedacht mit a = 12,5 m, b = 8 m, c = 7,5 m. Jeder m³ des Hauses wird mit 126,50 DM gerechnet. Auf welchen Voranschlagspreis kommt man, wenn für „Grund und Boden" noch zusätzlich 72 500 DM gerechnet werden müssen?
5) Die Bausteingrößen für den Hausbau sind „genormt" nach DIN-Größen. Eine DIN-Größe für Bausteine gibt 25 cm Länge, 12 cm Breite und 6,5 cm Höhe an.
   a) Warum kann man damit Mauern von 25 cm Dicke und von 38 cm Dicke errichten? Wie dick sind die Mörtelfugen im zweiten Fall?
   b) Backsteine der angegebenen DIN-Größe werden in der Backsteinfabrik gestapelt. Es entsteht dabei z. B. ein 2 m dicker, 6 m langer und 3,25 m hoher Stapel. Wie viele Backsteine wurden gestapelt?
6) Zeichne die folgende Tabelle ab und fülle sie vollständig aus:

Prisma mit	Eckenzahl	Kantenzahl	Flächenzahl
3eckiger Grundfläche			
4eckiger Grundfläche			
5eckiger Grundfläche			
6eckiger Grundfläche			
7eckiger Grundfläche			
8eckiger Grundfläche			

Welcher Zusammenhang besteht in jedem Falle zwischen der Anzahl der Ecken, Kanten und Flächen eines Prismas?

Register als mathematischer Wortschatz

Vorbemerkung: Zu jedem Begriff wird im allgemeinen die Nummer des Lernabschnitts angegeben, in der der Begriff zum erstenmal eingeführt wird.

Abgeschlossenheit 8.3
Achsenspiegelung 33.5
Addition 6.1
Art (eines Terms) 12.6
Assoziativgesetz 7.2; 10.2
Aussage 14.1
Aussageform 14.2; 17

Basis (Potenz) 10.5
Basis (Zahlensystem) 4

Differenz 15.3
Distributivgesetz 11.3
Division 16
Dreieck 26.3
Dreiersystem 4.2
Durchschnittsmenge 19.1

Einsetzbereich 13.1
Einsetzen 14.3
Element 1.2
Exponent (Potenz) 10.5

Faktor 9.1
Feld 25.3
Flächenmaß 31
Flußdiagramm (eines Terms) 13.4

Gemeinsame Teiler 23.1
Gemeinsame Vielfache 19.2
Gerade 24.3
Geradenpaar 25.4
Gitter (Gitternetz, Flächen-, Raumgitter) 30; 31; 36
Größe (Größengleichung) 28.4
Größter gemeinsamer Teiler 23.2

Halbebene 25.2
Halbgerade 24.4
Hochzahl (Potenz) 10.5

Klammerschreibweise (v. Mengen) 2.2

Kleinstes gemeinsames Vielfaches 19.3
Kommutativgesetz 7.1; 10.1

Länge (v. Strecke, Streckenzug) 28; 29
Leere Menge 1.2
Lösung 14.4
Lösungsmenge 14.4

Menge 1.2
Multiplikation 9

Neutralelement 9.4; 15.9
Null 15.7

Oberfläche (Würfel, Quader) 34.4; 35.5
Orientierung (Gerade, Vieleck) 24.6; 26.4

Paar 5.3
Parallelenpaar 25.5
Parallelogramm 27.2
Pfeildiagramm 5.1
Pfeilfigur 5.4; 6.2
Potenz 10.5
Primfaktorzerlegung 22.1
Primteiler 20.3
Primzahl 20.2
Prisma 35.1
Produkt 9.1
Punkt 24.1
Punktmenge 24.2
Punktspiegelung 33.1

Quader 35.3
Quadernetz 35.4
Quadrat 29.4
Quotient 16.3

Rand 25.2; 27.1
Raummaß 36

Raute 29.4
Rechteck 27.2
Rechtwinkelkreuz 25.4

Schrägbild 34.2
Strecke 24.4
Streckenzug 26.2
Streifen 25.6
Subtraktion 15.2
Summe (Summand) 6.1

Term 12; 13.3; 17
Teiler 20.1
Teilerfremde Zahlen 23.3
Teilermenge 20.1
Teilerregeln 21
Teilmenge 1.4; 8.5
Teilprodukt 10.3
Teilsumme 7.3

Überschlag 11.5
Umfang 29.4

Variable (Leerstelle) 13.1
Venn-Diagramm 2.1
Vereinigungsmenge 26.5
Verknüpfung 6.3
Verschiebung (Verschiebungsgramm) 30.1; 30.2
Vielfachenmenge 18
Viereck 26.3

Wert (eines Terms) 12.7
Würfel 34
Würfelnetz 34.1

Zahlenmenge 1.3
Zehnersystem 4.1
Zuordnung 5.2
Zweiersystem 4.3